やさしいイラストで
しっかりわかる

化石のきほん

最古の生命はいつ生まれた？ 古生物はなぜ絶滅した？
進化を読み解く化石の話

泉賢太郎 著　菊谷詩子 絵

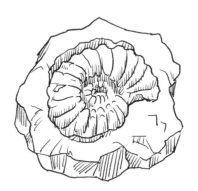

はじめに

　本書を手に取ってくださった方の多くは、化石に興味を持っていることでしょう。あるいは、最近気になり始めたのでこれから勉強してみたい、という方もいるかもしれません。

　化石とは、過去の地球に生息していた古生物の遺骸やその活動の痕跡が地層の中に残されたものです。そのため、化石を研究することで古生物の生態だけではなく、地球環境の変動や生命進化の歴史をも紐解くことができます。有名な恐竜の生態も、その恐竜が暮らしていた当時の地球環境も、恐竜たちの栄枯盛衰の様子も、化石の研究なくしてはわからないのです。化石として残るのは古生物のうちごく一部ですが、化石が古生物の唯一の直接的な証拠であることは変わりません。したがって、化石を主要研究対象にする学問分野は、「化石学」ではなく「古生物学」と呼ばれます。

　本書はいうまでもなく化石に関する本ですが、古生物学の入門書にもなるように意識して執筆しました。きれいで立派な化石の写真を図鑑的に紹介している本ではないですし、不思議でユニークな生態を持つ古生物を選定して紹介するような本でもありません。むしろ、化石や地層の研究方法や、そこから推定される古生物の生態や過去の地球環境、さらには（化石からわからないことも含めて）古生物学研究の実態について、

なるべく具体的に紹介するように心がけました。また、古生物学者をめ
ざす読者も想定して、古生物学者への道のりについても最終章で取り上
げています。なお、最初の章では、「化石の見かた図鑑」と題した項目
を設けて、複数の古生物学者たち（主に日本古生物学会・化石友の会の
新旧幹事メンバー）のご協力の下、専門家目線で多様な化石をご紹介い
ただきました。研究者が普段どのような観点で化石を見ているのか、そ
の一端を追体験していただけると思います。

　本書は5章構成ですが、章内の各項目は見開きで完結しているため、
順序を気にせずに好きなページから読むことも可能です。各項目にはイ
ラストがセットになっているので、理解を助けてくれます。本書は中学
生以上を主要読者と想定していますが、イラストが豊富なので、古生物
学に興味がある小学校高学年生も挑戦しやすいかもしれません。また、
大学の教養科目などで初めて古生物学を学ぶ場合にも、授業の教科書や
副読本として活用していただけるでしょう。

　それでは、ディープな化石と古生物学の世界へご案内します！

2023年3月　　泉 賢太郎

地質年代表

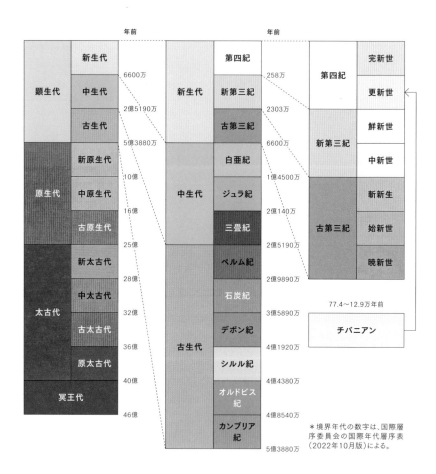

		年前			年前			
顕生代	新生代		新生代	第四紀		第四紀		完新世
		6600万			258万			
	中生代			新第三紀				更新世
		2億5190万			2303万			
	古生代			古第三紀		新第三紀		鮮新世
		5億3880万	中生代	白亜紀	6600万			中新世
原生代	新原生代							
		10億		ジュラ紀	1億4500万			斬新生
	中原生代				2億140万	古第三紀		始新世
		16億		三畳紀				
	古原生代				2億5190万			暁新世
		25億		ペルム紀				
太古代	新太古代				2億9890万			
		28億	古生代	石炭紀				
	中太古代				3億5890万			
		32億		デボン紀				
	古太古代				4億1920万			
		36億		シルル紀				
	原太古代				4億4380万			
		40億		オルドビス紀				
冥王代					4億8540万			
		46億		カンブリア紀				
					5億3880万			

77.4〜12.9万年前

チバニアン

＊境界年代の数字は、国際層序委員会の国際年代層序表（2022年10月版）による。

MEMO

各地質年代を表す色は、国際的に定義されています。

生命進化のハイライト

現在

↑
- ホモ・サピエンスの出現 35
- 日本にマンモスとナウマンゾウが到来 40
- 鯨類の多様化 34
- 白亜紀末の大量絶滅（ビッグ5の5回目）33
- 中生代の海洋革命 31
- 恐竜の繁栄 32
- 超大陸パンゲアの時代 39
- ペルム紀末の大量絶滅（ビッグ5の3回目）30
- 昆虫の巨大化 29
- 両生類の陸上進出 28
- 魚類の繁栄 27
- 陸上植物の進化 26
- オルドビス紀の大放散イベント 25
- カンブリア紀の農耕革命 23
- カンブリア爆発 22
- 真核生物と多細胞生物の出現 21
- 最古の生命活動の痕跡 20
- 地球の誕生 36

過去　＊番号は項目No.を示す。

もくじ

はじめに ……002
地質年代表 ……004

Chapter 1
ようこそ
化石の
世界へ

01 恐竜だけじゃない！ 化石の魅力 ……010
02 化石とは何か ……012
03 化石の見かた図鑑① アンモナイト ……014
04 化石の見かた図鑑② 哺乳類 ……016
05 化石の見かた図鑑③ 魚類 ……018
06 化石の見かた図鑑④ 極限環境生物 ……020
07 化石の見かた図鑑⑤ 昆虫 ……022
08 化石の見かた図鑑⑥ 生痕 ……024
09 化石に残るもの 残らないもの ……026
10 化石のできかた ……028

【きほんミニコラム】
「生きている」化石 ……030

Chapter 2
地層と化石

11 地層とは何か ……032
12 地層のできかた ……034
13 山の上に海の化石？ ……036
14 化石からわかること①
   地質時代 ……038
15 化石からわかること②
   過去の環境 ……040
16 化石からわかること③
   古生物の生態 ……042
17 どうやって地層の年代値を推定する? ……044
18 生体復元図はどこまで正しい? ……046
19 わからないことのほうが多いけれど ……048

【きほんミニコラム】
岩石と鉱物の関係 ……050

Chapter 3
化石と
たどる
生命の歴史

20 最古の生命はいつ生まれた？ ……052
21 生命の初期進化 ……054
22 カンブリア爆発 ……056
23 カンブリア紀の農耕革命 ……058
24 視覚の獲得 ……060
25 オルドビス紀の大放散イベント ……062
26 陸上植物の進化 ……064
27 魚類の繁栄 ……066
28 両生類の陸上進出 ……068
29 昆虫の巨大化 ……070
30 史上最大の大量絶滅 ……072
31 中生代の海洋変革 ……074
32 大恐竜時代 ……076
33 恐竜は絶滅した？ ……078
34 哺乳類と新生代 ……080
35 人類の進化と第四紀 ……082

【きほんミニコラム】
千葉に由来する地質年代
「チバニアン」……084

Chapter 4
化石から
読み解く
地球環境

36 地球の年齢はどうしてわかる？ ……086
37 気候変動のヒント ……088
38 太古のCO$_2$測定器 ……090
39 大陸配置の謎に迫る ……092
40 海水準変動 ……094
41 貝殻の「年輪」……096
42 化石燃料のできかた ……098
43 近すぎて見えない化石 ……100
44 名探偵バイオマーカー ……102
45 ウェーブリップル ……104
46 捕食痕が意味すること ……106

47 おうちは巨大生物遺骸 ……108

48 変わり続ける恐竜像 ……110

49 恐竜のウンチ化石から驚きの発見① ……112

50 恐竜のウンチ化石から驚きの発見② ……114

51 地球外にも化石はある? ……116

【きほんミニコラム】
生痕学の父 レオナルド・ダ・ヴィンチ ……118

Chapter 5
めざせ
古生物学者

52 古生物学者への道 ……120

53 日本で見つかった化石 ……122

54 街中で見られる化石 ……124

55 発掘を体験してみよう ……126

56 化石を発掘する前に ……128

57 化石のクリーニング ……130

58 化石の観察方法 ……132

59 発掘だけが研究じゃない ……134

60 今生きている生物も研究対象 ……136

おわりに ～古生物学は役に立つのか～ ……138

主要参考文献 ……140

索引 ……142

装丁・デザイン　佐藤アキラ
校正　藤本淳子
編集協力　中野博子
編集担当　松下大樹(誠文堂新光社)

Chapter 1

ようこそ
化石の世界へ

恐竜だけじゃない！
化石の魅力

　化石と聞いて何を思い浮かべますか？　恐竜やアンモナイト、三葉虫などをイメージした人が多いのではないでしょうか。

　身の回りを見てみると、実にたくさんの「恐竜」がいると思います。例えば、図鑑や博物館で見る骨格標本や模型、商品化されたグッズなど、様々な形で恐竜を目にしているはずです。加えて、最近では日本からも新種の恐竜化石が続々と発見されています。このように恐竜は圧倒的な認知度を誇るので、恐竜以外の化石について知る機会が少ないのかもしれません。

　しかし、化石は恐竜だけではありません。これまでに報告された化石は、なんと約25万種！　恐竜以外にもたくさんの化石が見つかっており、よく知られたアンモナイトや三葉虫の他にも、植物や二枚貝、巻貝、また、顕微鏡でしか見えないようなプランクトンの化石などもあるのです。さらに、恐竜は恐竜でも、骨や歯だけでなく足跡やウンチ（！）の化石も見つかっています。これらすべてが、過去の地球に生息していた生物（古生物）たちの証拠なのです。

　また、恐竜が生きていた頃の想像図には、主役である恐竜だけでなく背後に様々な動物や植物が描かれていることがあります。それらの動植物の姿は、どのようにして明らかになったのでしょうか？　そして、恐竜が生息していた当時の地球環境を、どのようにして推定したのでしょうか？　このような過去の生態系や地球環境、あるいは生命進化に関する知見の多くも、様々な化石（あるいは化石を含む地層）に注目した研究が積み上げられたことで、徐々に明らかになってきたものなのです。

　本書を通して、化石の面白さ、そして古生物学という学問の奥深さに触れていただければと思います。

化石とは何か

　化石とは、古生物の遺骸やその活動の痕跡が地層の中に残されたものを指します。化石は大きく２種類に区分され、恐竜やアンモナイトなど古生物そのものの痕跡を体化石、足跡や巣穴、糞など古生物の活動の痕跡を生痕化石と呼びます。習慣的には、１万年より古いものを化石と呼ぶことが多いようです。

　太古の海を想像してみましょう。ある生物が死んで、その遺骸が海底に横たわったとします。遺骸は堆積物中に埋まっていく過程で分解されたり欠損したりしますが、それを免れた部分だけが最終的に地層に残され、体化石となります。また、海底に生息している生物の巣穴や這い跡、糞なども同様に堆積物中に埋まっていき、その一部が生痕化石となります。生物起源の有機化合物が地層中に残されたものについても化石に含むことがあり、それらは分子化石と呼ばれます。

　なお、「化石」と「古生物」という言葉は、同じような文脈で登場するので混同されることもありますが、厳密には両者は異なります。化石は、体化石であっても生痕化石であっても、必ず地層の中に含まれています。一方の古生物は、過去の地球上に生息していたあらゆる生物を指す言葉です。死後に跡形もなく分解されてしまうと、化石にはなりません。化石として残っているのは、古生物のごく一部なのです。このような関係性があるので、化石を主要研究対象とする学問分野は「化石学」とはいわず、「古生物学」といいます。

　つまり、私たちが化石を通して知ることができる過去の地球環境や生態系は、決して完全なものではないのです。化石として残らなかった古生物については、残念ながら知る術がありません。新しい化石が発見されると、それまで考えられていた古生物の生態に関する知見がアップデ

▶ 化石から推定される古生物の世界

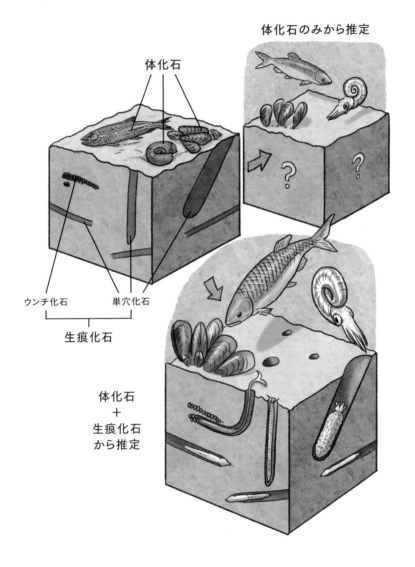

体化石のみから推定

体化石

ウンチ化石　　　　単穴化石

生痕化石

体化石
＋
生痕化石
から推定

ートされることも多々あります。古生物学の研究成果を見聞きする際に
は、この点を常に頭の片隅に入れておくと良いでしょう。

ようこそ化石の世界へ

化石の見かた図鑑①
アンモナイト

　ここからは、複数の専門家の視点で化石の多様性をお伝えします。

　あらゆる化石の中で人気の筆頭は、アンモナイトでしょう。アンモナイトは既に絶滅した生物で、イカやタコと同じ頭足類（とうそくるい）の仲間です。日本国内でも化石が多く見つかり、国内外の古生物学者が精力的に研究しています。アンモナイトといえば、グルグル巻きの殻（から）を思い浮かべるかもしれませんが、以下のような点に注目して見ると、そのイメージが少し変わりそうです。

1. 模様が残っているアンモナイト

　これらはそれぞれ、ドイツと北海道で発見されたアンモナイトですが、よく見ると殻の表面に点線状とストライプ状の模様がついています。普通、生物の遺骸が化石になる過程で色や模様は失われてしまい、化石には残りません。しかし、これらの標本のように、ごく稀（まれ）に模様が残される場合があるのです。現生生物の体の色や模様は、身を守る「カモフラージュ」や威嚇（いかく）する「ディスプレイ」の役割を果たすなど、その生き様に大いに関係します。化石に残された色や模様は、その古生物の古生態に迫ることができる可能性を秘めた貴重な情報です。

アマルテウス・ギボサス
Amaltheus gibbosus
（左）
ドイツ／ジュラ紀／個人蔵
プロテキサナイテス・フカザワイ
Protexanites fukazawai（右）
日本（北海道）／白亜紀／個人蔵
スケールバーは10 mm。

2. 似て非なるもの　ニッポニテスとリュウエラ

北海道で見つかる白亜紀後期の異常巻アンモナイト、ニッポニテスとリュウエラは、とてもよく似た巻きかたをしています。しかし、両者の殻の表面装飾は明確に異なっていることから、直接的な類縁関係はなく、それぞれ別の祖先から進化したと考えられています。これは同時代に起こった平行進化の一例です。

ニッポニテス・ミラビリス
Nipponites mirabilis（左）
リュウエラ・リュウ
Ryuella ryu（右）
日本（北海道）／白亜紀／三笠市立博物館蔵
スケールバーは10 mm。

3. 成長速度の緩急

ポリプチコセラスは、クリップ型の殻を持つ異常巻アンモナイトです。稀に見つかる全体が揃った化石は、奇妙なことに棒状部分の真ん中くらいまで成長しているものが多く、折り返し部分までの個体はほとんどありません。このことから、成長速度は一定ではなく、緩急があったことが推測されています。

ポリプチコセラス・
シュードゴウルチナム
*Polyptychoceras
pseudogaultinum*（上）
ポリプチコセラス・ユーバレンゼ
Polyptychoceras yubarense（下）
日本（北海道）／白亜紀／三笠市立博物館蔵
スケールバーは20 mm。

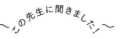

この先生に聞きました！

相場大佑（あいば だいすけ）
公益財団法人 深田地質研究所でアンモナイトの進化や古生態を研究している。1989年、東京都生まれ。2017年、横浜国立大学大学院博士課程修了。博士（学術）。三笠市立博物館を経て、2023年より現職。著書に『僕とアンモナイトの1億年冒険記』（イースト・プレス）がある。

ようこそ化石の世界へ

化石の見かた図鑑②
哺乳類

　私たちヒトも含まれ、イヌやネコなどペットとしても馴染み深い哺乳類。その化石を研究することは、哺乳類の進化や過去の地球環境を考える上でも重要です。また、第四紀の地層からは現在も生きている種の哺乳類化石が見つかることも多く、化石と現生個体の比較研究も行いやすいことから、これまでに多くの知見が蓄積されてきました。

　そんな哺乳類化石の奥深い世界を、専門家ならではの目線で見ていきましょう！

1. 樹脂に埋もれたコピドドン

　ドイツのメッセルから見つかる化石は、どれもパンケーキのように平らにつぶれています。世界でも稀に見る最良の保存状態で、このコピドドンにも炭化した内臓やフサフサした尾が残っているのがわかります。化石の周りが樹脂なのでレプリカのように見えますが、これは特殊なクリーニング方法によるもので、実物の化石です。メッセルでは薄く重なった頁岩を剥がすように発掘しますが、化石が見つかると母岩ごと取り出し、その周りに枠を取り付けて樹脂を流し込みます。樹脂が固まったらひっくり返して、丁寧にクリーニングして岩石をきれいに取り除きます。こうして、樹脂に覆われた化石ができあがるのです。

比較的大きな体（頭胴長60cm）で長い尾を持ち、樹上で活発に動けるよう前腕を器用に動かせた。細くて鋭いかぎづめは木登りする時の引っかけとして役に立っていたようだ。
コピドドン
Kopidodon macrognathus
哺乳綱キモレステス類
ドイツ／古第三紀始新世
／国立科学博物館蔵

2. 壁に埋もれたコウモリ

これは、沖縄のとある海洋島の洞窟から見つかったユビナガコウモリ類の骨です。鍾乳石（しょうにゅうせき）から溶け出した炭酸カルシウムで覆われています。この骨には、放射性炭素年代測定に使えるコラーゲンが残っていませんでした。その代わりに骨を作っているアパタイトという鉱物の安定炭素同位体比を調べたところ、サトウキビ畑に由来すると考えられるシグナルが出ました。サトウキビ畑はヒトが作ったものなので、このコウモリにはヒトと共存していた期間があることがわかりました。しかし、その後の急激な土地開発によって森林が減少したことで、コウモリたちはこの島から姿を消したようです。

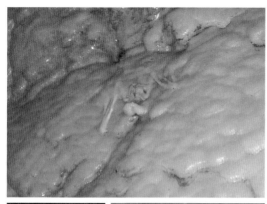

頭を下にして、うつぶせ状態で鍾乳石に埋もれたユビナガコウモリ。腕は折りたたまれている。高温多湿の環境なので、フローストーン（鍾乳石から流れ出た炭酸カルシウムが地下水に溶けた後、再結晶したシート状の部分）に埋まる速度が速い。

ユビナガコウモリの仲間
Miniopterus sp.
哺乳綱翼手目ヒナコウモリ科
日本（沖縄県）／第四紀完新世／国立科学博物館蔵

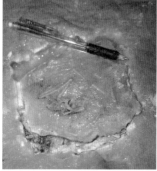

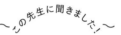

この先生に聞きました！

木村由莉（きむら ゆり）

国立科学博物館地学研究部主幹。佐世保生まれの川崎育ち。早稲田大学教育学部卒業後、アメリカ・サザンメソジスト大学地球科学科で博士号を取得。著書に『もがいて、もがいて、古生物学者!!』（ブックマン社）がある。

化石の見かた図鑑③
魚類

　魚類も私たちの日常生活において身近な動物です。その起源は古く、原始的な化石はカンブリア紀の地層からも見つかります。また、魚類の耳石（じせき）という器官には周囲の水温などの情報が記録されるので、過去の地球環境を推定する際にも重要です。

　ここでは、化石標本と標本ラベルをめぐるストーリーの紹介を通じて、研究現場の臨場感を追体験してみましょう！

たかが紙切れ、されど紙切れ－標本ラベルの重要性－

　化石標本は、必須の研究材料です。古生物学者の重要な仕事の1つが化石の採集で、これは研究の醍醐味（だいごみ）でもあります。一方で、採取後の保管方法も、その先の研究を進展させる上で極めて大切になってきます。化石そのものだけでなく、産地などの情報が記載されたラベルとともに保管するという作業が欠かせません。特に、所蔵機関に専門家がおらず、すぐに研究されない場合でも、後の研究者がその標本を研究できるかどうかはラベル1枚で変わってきます。

> **Department of Geology, Kyushu University**
>
> No.
> Name
> Locality IK2013g1, 北海道空知郡三笠市奔別川沿い露頭.
> Horizon Ⅲa', Lower part of Upper Yezo Group
> Date Neosylvanian上部 Coll. 1955, T. Matsumoto & T. Omori.
> (mostly Upper Turonian)

ナカガワニシンの第2標本に付随していた標本ラベル。
東京大学総合研究博物館蔵
Miyata et al. (2022)
図1Cより引用。

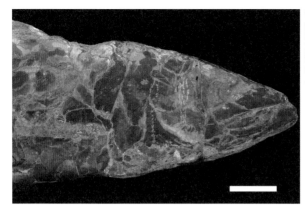

ナカガワニシン
Apsopelix miyazakii
第2標本
東京大学総合研究博物館蔵
UMUT MV33390
Miyata et al. (2022)
図3Aを改変。
スケールバーは20 mm。

　2012年、東京大学総合研究博物館で詳細な化石産地が記述されたラベルと共に魚類化石が保管されているのが見つかりました。後に、ナカガワニシンとわかった標本です。それは日本産にもかかわらず、ブラジルにおいて白亜紀の地層から産出するような、3次元で保存された状態の良い化石でした。その後、連絡を受けた私（当時、大学院生）は、実際に標本を見て、その見事な保存状態に舌を巻きました。

　化石は1955年に採集されたもので、産地付近を調査した論文を参照すると、ラベルに書かれた露頭番号が地図や柱状図に示されており、ピンポイントで産地や層準がわかりました。これは、大変重要な発見です。この魚類化石が産した地層からは、年代の指標となるアンモナイトや

イノセラムスなどの軟体動物の化石が産出しており、白亜紀後期のチューロニアン期末（約9000万年前）であることが明らかとなっています。さらに、奔別川沿いに位置する白亜紀の地層は、当時は外洋の陸棚であったことが堆積学の研究からわかっています。この化石はバラバラになっていませんので、死後、遠くまで運搬はされていないものと思われます。そのため、外海の沿岸域に生息していたのだろうと推測できました。

　発見当時は詳細がわからない化石でも、産地情報などが記述されたラベルと一緒に保管されていれば、後に全体像が明らかになることがあります。たった1枚の紙切れ（ラベル）が、後の研究を左右することがあるのです。

参考：Miyata, S., Yabumoto, Y., Nakajima, Y., Ito, Y., Sasaki, T. (2022) A Second Specimen of the Crossognathiform Fish *Apsopelix miyazakii* from the Cretaceous Yezo Group of Mikasa Area, Central Hokkaido, Japan. Paleontological Research, 26(2):213-223.

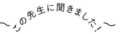

この先生に聞きました！

宮田真也（みやた しんや）

城西大学化石ギャラリー　学芸員/理学部助教。1985年、長崎生まれのさいたま育ち。2014年、早稲田大学大学院創造理工学研究科地球・環境資源理工学専攻博士課程修了。博士（理学）。専門は魚類化石の分類学。

化石の見かた図鑑④
極限環境生物

　クジラや首長竜など、大型の脊椎動物が死んで深海底に沈んだ場合、その遺骸の周りにユニークな生態系が形成されることがあります（＝生物遺骸群集）。また、多くの生物にとっては有毒物質であるガスが噴出しているような極限環境においても、生物はたくましく暮らしています。後に見るように、そうした化石証拠も見つかっています。

　ここでは、生物遺骸群集の専門家にイチ押しの化石と、そこからわかる古生物の生き様をお聞きしましょう。

1. 竜骨生物群集—首長竜の遺骸に群がる生物

　クジラが死んで軟組織が分解される過程で、遺骸に特殊な生態系が形成されます。これを鯨骨生物群集と呼びます。鯨類が出現する以前には、首長竜などの爬虫類の遺骸に群がる生物群集（竜骨生物群集）がありました。この首長竜の化石は、脊椎骨がいくつも連なっていて海底に沈んだ後はほとんど動かなかったことがわかります。よく観察すると、骨には微生物によって穴をあけられた跡があり、骨周囲からはバクテリアを食べる巻貝化石が発見されました。骨に微生物が棲みつき、それを巻貝が食べていた。そんな物語がつまった標本です。

エラスモサウルス科首長竜の椎骨（茶色部分）が連なっている（左）。微生物による無数の穿孔痕（細長い黄色部分）が見られる骨（赤色部分）の薄片写真（右）。
日本（北海道羽幌町）／白亜紀／北海道大学総合博物館蔵
スケールバーは50 mm（左）と100 μm（右）。

2. 変動帯・日本列島を代表するシロウリガイの仲間

　殻の形は普通ですが、シロウリガイの仲間はイオウ酸化細菌と共生することで栄養を得る特殊な貝です。硫化水素（りゅうかすいそ）やメタンが噴き出す、プレート境界付近の深海底という特殊環境に生息するので、変動帯に位置する日本列島を代表する化石といえます。日本からは同様の生態を持った生物の化石がよく発見されます。

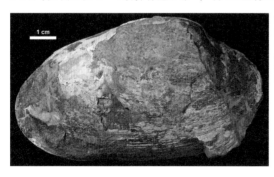

シロウリガイの仲間のスケンクガイ。本種は日本最古のシロウリガイ類である。

日本（北海道三笠市）／古第三紀始新世／金沢大学蔵
スケールバーは10 mm。

3. 巻貝に付着したまま化石になったカサガイ

　このカサガイは、メタンが湧く白亜紀の深海底に生息していました。浅海で暮らすカサガイは岩などに付着しますが、泥が一面に広がっているような深海底には岩場がほとんどありません。本種は、別の生物の殻を棲み場所としていたようです。このような古生物の生き様がわかる化石の発見には大興奮です。

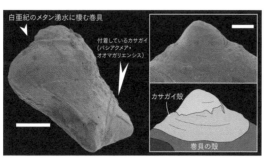

巻貝に付着したまま化石となったカサガイ、バシアクメア・オオマガリエンシス。巻貝の殻にぴったりとくっついている。付着したまま、生き埋めになって化石になったと考えられる。

日本（北海道中川町）／白亜紀／東京大学総合研究博物館蔵
スケールバーは1 mm（左）と500 μm（右上）。

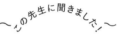

この先生に聞きました！

ロバート・ジェンキンズ（ろばーと じぇんきんず）

金沢大学理工学域地球社会基盤学類准教授。1976年、高松生まれ。2006年、東京大学大学院理学系研究科地球惑星科学専攻博士課程修了。博士（理学）。監修に『こっそり楽しむうんこ化石の世界』（技術評論社）など。

ようこそ化石の世界へ

化石の見かた図鑑⑤
昆虫

　昆虫は、記載された全動物種のうち約75％を占め、地球上で最も繁栄しているといえます。ただし、ほぼすべての昆虫が陸棲のため、風化や侵食などの影響で化石が保存されにくく、研究はあまり進んでいません。しかし、動物の陸上進出という生命進化上の重要な現象について考える上で、昆虫化石の知見は欠かせません。

　ここでは、昆虫化石から見えてくる進化の歴史と過去の地球環境をガイドしてもらいましょう。

1. ハチの起源に迫る化石

　ハチ目が初めて出現した時代は、三畳紀後期まで遡り、原始的なハチ目、ナギナタハバチ科のみが生息していたとされています。本種はその最古のハチ化石として知られる約5mmの前翅の化石です。ハチ目はジュラ紀以降、三畳紀に生息していたハバチ類を基盤に寄生性や社会性を持つようなハチ類へと進化し、現在では昆虫の中でも最も多様化した分類群の1つとして大発展し、生態系を支えています。とても小さな化石ですが、世界最古級の化石記録としてハチ目の進化史を語る上では重要な化石の1つです。

マディゲラ・フミオイ
Madygella humioi
日本（山口県）／三畳紀後期／美祢市歴史民俗資料館蔵
スケールバーは1mm。

1 mm

2. 恐竜時代の縁の下の力持ち

白亜紀前期のゴキブリ類の翅化石です。手取層群北谷層からは5種類のゴキブリ類が報告されています。白亜紀前期の日本では、恐竜たちが闊歩していた脚元で彼らが動植物の分解者として、ひそかにその生態系を支えていたのです。もちろん、他の動物の餌としても貴重なエネルギー源になっていたことでしょう。

ペトロプテリクス・フクイエンシス
Petropterix fukuiensis
日本（福井県）／白亜紀前期／福井県立恐竜博物館蔵
スケールバーは1 mm。

3. 環境を語る昆虫化石イナバテナガコガネ

中新世の地層から発見されたほぼ完全体として保存されたコウチュウ化石です。この地層では、他の化石種から熱帯もしくは亜熱帯であることが示されていましたが、本種の発見と現生種との比較により、標高の高い地域であった可能性が示唆されました。昆虫化石が当時の環境を読み解くカギとなった数少ない例です。

イナバテナガコガネケイロトヌス・オオタイ
Cheirotonus otai
日本（鳥取県）／新第三紀中新世／北九州市立自然史・歴史博物館蔵
スケールバーは10 mm。

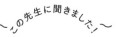

この先生に聞きました！

大山望（おおやま のぞむ）

九州大学総合研究博物館専門研究員。1994年、福岡県生まれ。2022年、九州大学大学院理学府地球惑星科学専攻博士課程修了。専門は中・古生代の昆虫化石の進化や化石化過程。子供の頃は昆虫少年ではなく、化石大好き少年で、ひょんなことから昆虫化石研究を始めることに。

化石の見かた図鑑⑥
生痕

　生痕化石とは、生物の体そのものではなく、その行動の痕跡が地層中に残されたものを指します。生痕化石には、足跡や巣穴、ウンチの化石など様々な種類があります。生痕化石を研究することで、古生物の詳しい生態を推定することができ、あるいはその地層が形成された当時の環境を推定することも可能になります。

　ここでは、生痕化石を専門とする古生物学者である著者がイチ押しする生痕化石と、そのマニアックな見かたをご紹介します。

1. 生痕化石、フィマトデルマ

　海底で形成された地層から見つかる生痕化石です。フィマトデルマは枝分かれをしたチューブ状の形状をしており、各々のチューブの中にはお米のようなつぶつぶがぎっしりとつまっています。これは、ユムシ類が海底の堆積物に掘りこんだチューブ状の巣穴の中に、粒状のウンチを排泄することによってできた生痕化石だと考えられています。興味深いことに、フィマトデルマを構成する粒状ウンチの中には、"主"であるユムシ類が食べたものの一部が残されていることもあります。

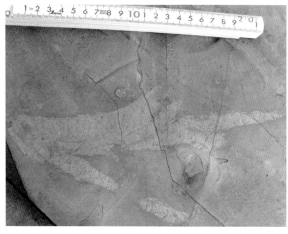

フィマトデルマ
Phymatoderma isp.
日本（千葉県）／新第三紀鮮新世／野外写真

2. プランクトン化石 in ウンチ化石

ウンチ化石の中を顕微鏡で観察すると、円石藻という石灰質の殻を持つ植物プランクトンが大量に見つかりました。円石藻は海洋表層に生息しますが、死後は海水中を沈み、海底に堆積します。海底で暮らしていたユムシ類は、はるか上の海洋表層から沈降してきた円石藻を食べていたのでしょう。

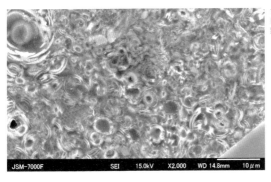

フィマトデルマの中に見られる円石藻
日本（千葉県）／新第三紀鮮新世／
顕微鏡写真

3. ウンチ化石 in ウンチ化石

ウンチ化石の中から、フィコシフォンという別の小型生痕化石が見つかりました。これは、小型の底生生物がウンチを食べたことを示しています。つまり、糞食行動を反映しているめずらしい生痕化石なのです。

フィコシフォンもウンチ化石なので、ウンチ化石の中にウンチ化石があるという、とても興味深い産状の化石です。

フィマトデルマの中に見られる小型生痕化石フィコシフォン（黒っぽい斑点状のところ）
Phycosihon isp.
日本（千葉県）／新第三紀鮮新世／
野外写真

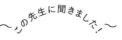

泉賢太郎（いずみ けんたろう）

千葉大学教育学部准教授。博士（理学）。1987年、東京都生まれ。2015年、東京大学大学院理学系研究科地球惑星科学専攻博士課程修了。専門は生痕化石に記録された古生態の研究など。本書の著者です！ 次ページ以降も、引き続きお付き合いくださいね。

化石に残るもの
残らないもの

　私たちは、化石を通して過去の生態系や地球環境、そしてそれらの変遷を窺い知ることができます。化石は学術的に有益な情報を持っていますが、古生物のすべてが化石として残るわけではありません。私たちが日常生活で出会う動物や、水族館・動物園などで目にする動物の多くは、「硬い部分」と「やわらかい部分」を持っています。硬い部分は硬組織と呼ばれ、骨や歯、殻などを指します。また、やわらかい部分は軟組織と呼ばれ、筋肉や心臓、消化管などを含みます。

　このうち、軟組織が化石として残されることは、ほとんどありません。化石化する前に微生物などによって分解されてしまうからです。一方で硬組織は、軟組織と比べて化石になる確率がずっと大きくなります。なぜなら、硬組織は鉱物でできていることが多いため、分解に対する耐性が高いからです（ただし、化石化の過程で様々な化学反応が起こって成分は変化します）。例えば、動物の骨や歯はリン酸塩鉱物、貝殻は炭酸塩鉱物でできています。昆虫類や甲殻類など節足動物の外骨格も硬組織に区分されますが、こちらはクチクラと呼ばれる生体物質でできています。筋肉や内臓に比べると硬いのですが、クチクラは鉱物ではないので、鉱物質の硬組織を持つ動物に比べれば化石になりにくいでしょう。

　硬組織が比較的化石になりやすいとはいえ、ある動物の1個体すべてがそのままの状態で化石になることは稀です。個体の中には複数のパーツがあり、それらが関節でつながっているためです。例えば、私たちヒトならばたくさんの骨がありますし、アサリは二枚の殻を持っています。しかし、骨と骨の間、殻と殻の間にある関節には、筋肉などの軟組織が存在します。骨や殻それ自体は分解に対する耐性が高いものの、関節部にある軟組織は分解されやすく、動物の死後、骨や殻はバラバラになっ

てしまいます。さらに、地層が受ける様々な力によって、化石がひび割れてしまったり、欠けてしまったりすることも多いです。ただし、琥珀やノジュールの中に状態の良い化石が保存されていることもあります。

　私たちの手元にやってきた化石は、度重なる困難を切り抜けることができたラッキーな化石だと思うと、なんだかこれまで以上に愛着がわいてきませんか？

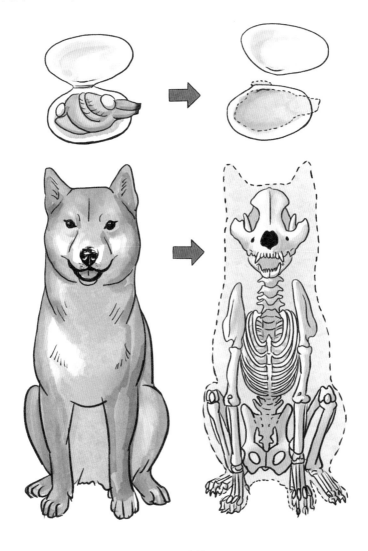

10

化石のできかた

　化石は最初から図鑑や博物館で見るような状態で存在しているわけではありません。すべての化石は、体化石であっても生痕化石であっても（もちろん分子化石であっても）、もともとは必ず地層の中に入っています。化石が私たちの手元にやってくるには、まず誰かが地層のある場所に直接出向いて、化石を発掘する必要があるのです。多くの場合、地表から目視で化石を発見することはできません。ですから、ハンマーやタガネなど専門の調査用具を使って地層を丹念に崩し、化石が含まれていないか逐一確認する必要があります。化石は地層の中にガッチリと入り込んでいて、「化石だけ」を取り出すことは難しいので、周囲の地層ごと採取します。そして、化石の周囲に残っている余分な地層を丁寧に除去していくことで、初めて化石の全体像が観察できるようになるのです。

　では、化石はなぜ地層の中に入っているのでしょうか？　そもそも、化石はどのようにできるのでしょうか？　白亜紀に繁栄したモササウルスを例にとって見ていきましょう。モササウルスは死んでしまうと、いずれ海底に沈みます。海底には砂や泥がゆっくりと降り積もり、遺骸は徐々に堆積物の中に埋まっていきます。その過程で軟組織は他の動物に食べられたり、微生物によって分解されますが、硬組織である骨や歯は残ることがあります。堆積物は熱や圧力を受けて、ゆっくりと固結し、いずれ地層になります。その際に運よく破壊されなかった場合にのみ、体化石として地層中に残されるのです（ただし、この間に様々な化学反応が起こって成分が変化することもあります）。そして、さらに長い時間をかけて地層が陸上に現れると、ようやく私たちはモササウルスの化石を発掘できるようになります。

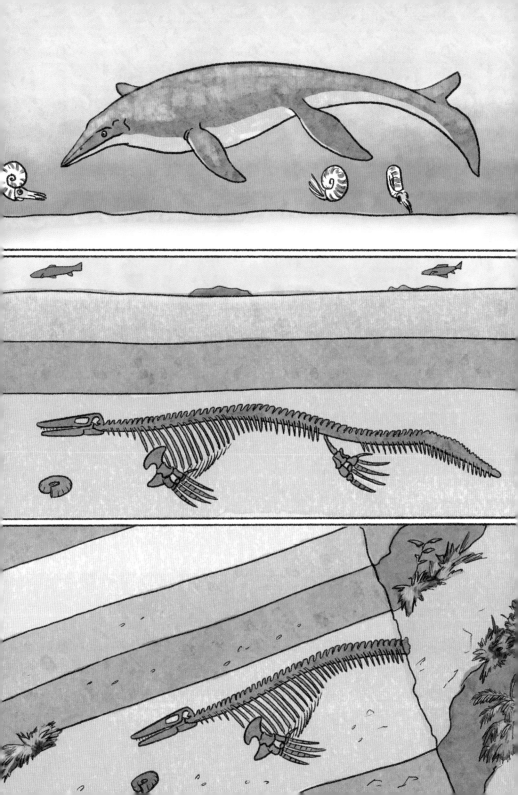

「生きている」化石

　化石は既に生命を失っているので、一見すると矛盾しているように感じる言葉ですが、古生物学の研究では普通に用いられています。「生きている」化石とは、過去に大繁栄したものの現在ではわずかに生き残っているグループ、あるいは古くから同様の形態を保ち続けているグループを指す用語です。代表的な例として、イチョウ類やオウムガイ類、カブトガニ類、ムカシトンボ類、シャミセンガイ類、ハイギョ類などがあります。興味深いのは、メタセコイアやシーラカンスのように長らく化石でしか知られていなかったグループが、現在も生息していることが後に明らかになったというケースもあることです。

　こうした化石は、間接的ではあるものの、古生物学にも重要な知見を提供してくれます。ある古生物に近縁な生物を生きている状態で観察できるため、体化石として残りにくい軟組織の特徴や生理、行動などを理解する上で有益な情報を入手できるからです。

　ただし、注意したいのは、形態が長らく変化していなかったとしても、周りの生物や環境は絶えず変化している点です。形が似ているからといって、その古生物の生態がすべてわかるとは限りません。

Chapter 2
地層と化石

11

地層とは何か

　地層とは、広範囲に分布する堆積岩（たいせきがん）からなる岩体（がんたい）のことをいいます。堆積岩とは、主に砂や泥、火山灰の粒子から構成される岩石です。これらの粒子や生物の遺骸（い・がい）などが水や風によって運ばれると（＝運搬作用）、やがて陸上（川底や湖底も陸上に含まれます）や海底など様々な場所に降り積もっていきます（＝堆積作用）。そして、堆積作用によって集積

▶ **地層ができるまで**

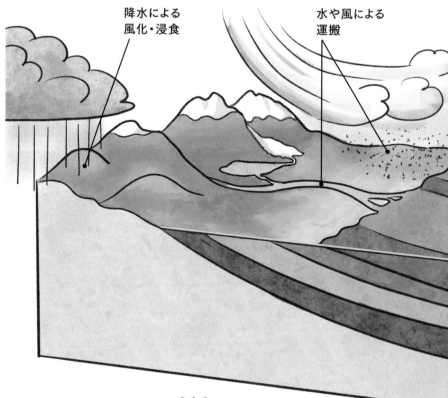

降水による
風化・浸食

水や風による
運搬

した粒子が、さらに時間をかけて固結していくと堆積岩となります（＝続成作用）。

なお、堆積岩になる前の未固結な状態のものは堆積物と呼ぶことが多いですが、ねじり鎌やナイフなどを使えばボロボロと崩すことができる程度の「半固結状態」の場合は地層と呼ばれます。地層と聞くと、ミルクレープのようなきれいな層を作っている岩体を想像するかもしれません。確かに、砂岩や泥岩など異なる種類の堆積岩が交互に存在している時には、このような縞模様の地層になります。しかし、実は例外もあります。例えば、ほぼ砂岩だけ、あるいはほぼ泥岩だけで構成されているような地層の場合には、どこを観察しても似たような見た目であるため、必ずしもきれいな層が見えるというわけではありません。

また、ほぼすべての化石は地層（もしくは未固結の堆積物）の中に入っていますが、すべての地層に化石が入っているとは限りません。その地層ができた当時に生息していた生物が少なかった場合や、あるいは生物がいたとしても急速にできた地層の場合は、化石を含まないこともあります。

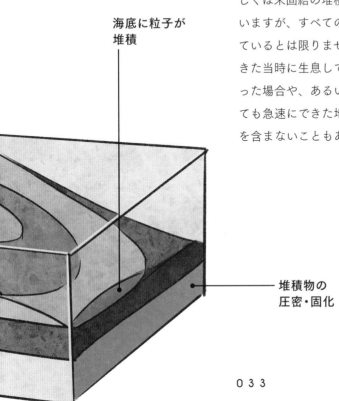

海底に粒子が
堆積

堆積物の
圧密・固化

12

地層のできかた

　海底に降り積もった砂や泥など未固結の堆積物は、その後どのようにして砂岩や泥岩といった固結した堆積岩へと変化するのでしょうか？

　海底下に埋没した堆積物は、それらの上に新しい砂や泥が降り積もると、その重みによって粒子の間に含まれていた水（間隙水）が抜けて収縮していきます。これを圧密作用といいます。圧密作用を受けると粒子間の隙間は徐々に減少していくものの、それだけでは未固結の堆積物が岩石化することはありません。例えば、砂場の砂に水を混ぜて「砂ダンゴ」を作り、両手でぎゅっと強く握りしめると、砂粒の間から水が抜けて「締まった砂ダンゴ」になりますね。しかし、それだけではカチコチの「砂岩ダンゴ」にはならず、より強い力をかけるとボロボロと崩れてしまいます。

　岩石化という点でより重要なのは、鉱物の生成です。未固結の堆積物が海底下の非常に深いところまで埋没すると、粒子間に残された水はぐっと少なくなっています。しかし、海底下深部では、わずかに存在する間隙水中でこそ鉱物が生成されます。この鉱物が粒子と粒子をガッチリとつなぎ合わせることで、砂岩や泥岩といった堆積岩ができあがるのです。

　なお、堆積物が岩石化する前後では、地層の厚さが変化します。一般的に、未固結の砂質堆積物が 10 cm あった場合、それが固結して砂岩になると 7 cm ほどになってしまうと考えられています。泥の場合はさらに大きく変化し、10 cm の泥質堆積物が固結して泥岩になると、2 〜 3 cm ほどになってしまうこともあるようです。

▶ 堆積岩ができるまで

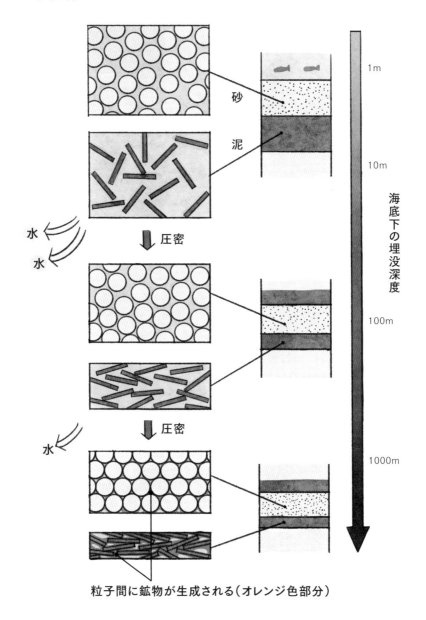

砂

泥

水

水

圧密

水

圧密

粒子間に鉱物が生成される（オレンジ色部分）

1m

10m

100m

1000m

海底下の埋没深度

13

山の上に海の化石?

　皆さんが住んでいる町の地層から、アサリやカキなどの化石が見つかったとします。この場合、「ここは昔は海だった」ということがわかります。もう少し正確に表現すると、「この地層は過去に海底で形成された」ということになります。だとすると、そうした地層が今現在陸上にあるのはどうしてなのでしょうか?

▶ ヒマラヤ山脈の成り立ち

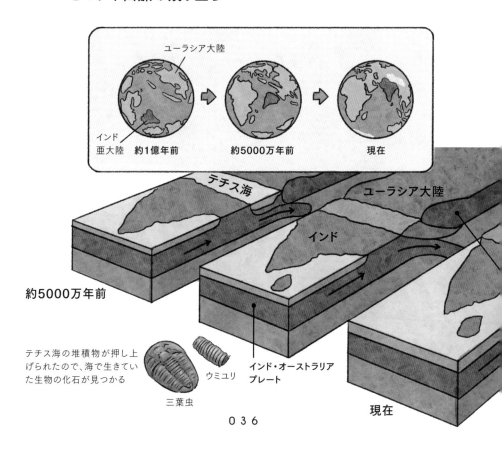

ユーラシア大陸

インド
亜大陸　約1億年前　　　　約5000万年前　　　　現在

テチス海　　　　　　　ユーラシア大陸

インド

約5000万年前

テチス海の堆積物が押し上げられたので、海で生きていた生物の化石が見つかる

ウミユリ

三葉虫

インド・オーストラリア
プレート

現在

ここで注目したいのは、そもそも海底では地層が形成されやすいという点です。地球を覆う大部分は海であり、もともと陸上にあった物質が運搬されて海底に堆積することが多いためです。なんと、標高約8848mの世界一高い山・エベレストの頂上付近にある地層からも、三葉虫やウミユリなど海の生物の化石が見つかっています。

　これには、エベレストを含むヒマラヤ山脈の成り立ちが関係しています。ヒマラヤ山脈はおおよそインドと中国の国境付近に存在している大規模な山脈ですが、約5000万年前（新生代の始新世）にインド亜大陸とユーラシア大陸が衝突を開始し、その結果として生じた地形的な高まりです。インドは今では北半球にあるアジアの国ですが、古生代〜中生代にかけては南半球に位置していたことがわかっており、長い時間をかけて北上してきました。このような大規模な大陸移動には、プレートの運動が関係しています。地球の表面は複数のプレート（巨大な岩盤）で覆われており、大陸や海はそのプレートの上に乗っています。プレートはゆっくりと移動しており、大陸も同様に移動しています。大陸を乗せたプレート同士が衝突を開始した後も、プレートは変わらず移動し続けます。それに伴い、プレート境界では岩石が押し上げられ、結果的に大規模な山脈が作られました。その際、過去に海底で形成された地層の一部も上昇し、それが現在、エベレストの頂上部で見られるのです。

アネハヅル

先祖が渡りを始めた頃よりずっと高くなったので、山脈を越えるのが大変！

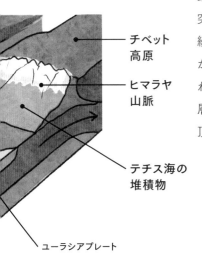

チベット高原

ヒマラヤ山脈

テチス海の堆積物

ユーラシアプレート

14

化石からわかること①
地質年代

　ある地層から化石を発見しました！　さて、その化石からどのような
ことがわかると思いますか？　大きく３つありますので、順に紹介して
いきます。

　まず１つ目は、地層が形成された時期です。巻頭に掲載した地質年代
表が示す通り、地球の歴史は数多くの地質年代に区分されています。し
かし、地層を構成する堆積岩をいくら丹念に観察したとしても、それが
どの年代に形成されたのか知ることはできません。そこで、化石の出番
です。

　例えば、特定の時期だけに生息していた古生物の種Ａは、地質年代
を特定する際に非常に重要になります。なぜなら、ある地層から種Ａ
の化石を発見したとすると、「その地層は、種Ａの生息時期におけるど
こかの時点で形成された」と推定することができるからです。特に、種
Ａの生息時期（出現から絶滅までの期間）が短ければ短いほど、その時
期をより高精度に特定することができます。

　種Ａの化石のように、地質年代を特定する際に有用な化石のことを
示準化石と呼びます。代表的な例としては、三葉虫（古生代）やアンモ
ナイト（中生代）などがあります。ただし、三葉虫やアンモナイトとい
ったグループの中でも、実際に示準化石として古生物学の研究でよく使
われるのは、生息時期が短く、かつ、広範囲に分布していて個体数も多
い種です。生息時期が短くても、非常に稀な種の化石であったり、特定
の地域からしか産出しないような種の化石は、どうしても情報が限定さ
れてしまうからです。

▶ 示準化石からわかること

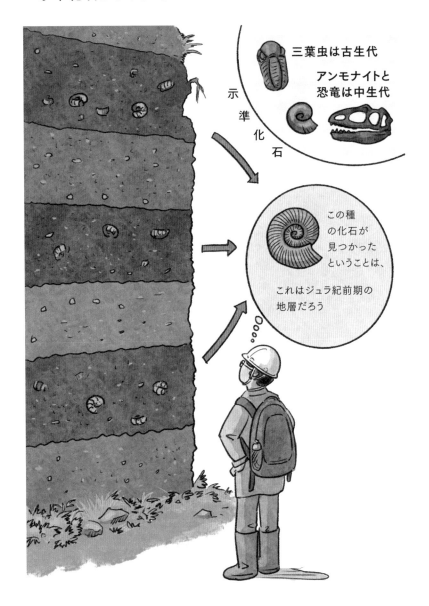

示準化石

三葉虫は古生代

アンモナイトと
恐竜は中生代

この種の化石が見つかったということは、

これはジュラ紀前期の地層だろう

15

化石からわかること②
過去の環境

　２つ目は、地層が形成された当時の環境（古環境）です。目の前に地層がある時、その地層がかつてどのような環境で形成されたのか、どうしたらわかるのでしょうか？　ここでも、化石の出番です。

　限られた環境でしか生息できない古生物の種Ｂは、地層が形成された環境を特定する際に非常に重要になります。なぜなら、ある地層から種Ｂの化石を発見したとすると、「その地層は、種Ｂが生息できる環境で形成された」と推定することができるからです。特に、種Ｂが生息可能な環境（水深や水温など）の範囲が狭ければ狭いほど、その環境をより高精度に推定することができます。

　種Ｂの化石のように、古環境を推定する際に有用な化石のことを示相化石と呼びます。代表的な例としては、二枚貝類や底生有孔虫などで、地層が形成された水深や水温を示す指標として用いられます。ただし、実際の研究においては、推定の精度を可能な限り高めるために、複数の示相化石を組み合わせて分析することが普通です。

　例えば、ある地層から３種の貝化石（種①，②，③）が産出する場合を考えましょう。その地層は更新世に海底で形成されたことまではわかっているとして、これらの化石を用いて「どの程度の水深で形成された地層なのか？」ということを推定したいとします。更新世にできた地層の場合、現在も生息している種の化石が産出することも珍しくないため、ここで発見した３種はすべて現在も海底で生息している種だと仮定します。その場合、現在の観測データから各々の生息水深がわかるので、種①，②，③の生息水深がそれぞれ、〜60 m, 10〜200 m, 〜650 mというデータがあるとすると、この地層が形成されたのは水深10〜60 mの海底であると推定できます。

▶ 示相化石からわかること

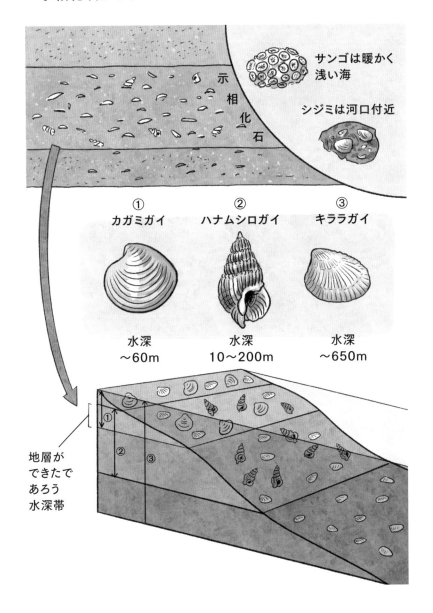

サンゴは暖かく
浅い海

シジミは河口付近

示相化石

① カガミガイ
② ハナムシロガイ
③ キララガイ

水深
～60m

水深
10～200m

水深
～650m

地層が
できたで
あろう
水深帯

①
②
③

化石からわかること③
古生物の生態

　３つ目は、古生物の生態です。化石には、古生物の暮らしぶりと密接にかかわる特徴が残されています。そのため、たとえ絶滅してしまった古生物であっても、化石を観察することでおおよその生態を推定することができます。体化石と生痕化石について、それぞれ具体例を挙げて考えていきましょう。

　まずは体化石の場合です。例えば、脊椎動物の歯の形は食性と密接にかかわっているため、イメージしやすいと思います。一般的に、肉食動物の歯は円錐やナイフのような形をしていて、他の動物に噛みつくのに適しています。さらに、歯のふちが細かくギザギザしていることが多く、肉を切り裂くのに役立ちます。そのため、このような歯の化石を発見した場合、その古生物は肉食であったと推定することができます。一方、草食動物の歯は長く伸びている形や臼のような形をしていて、複雑な突起がある場合もあり、植物をすりつぶして食べるのに適しています。したがって、そうした歯の化石が見つかった場合、その古生物は草食であったと推定できるわけです。

　次に生痕化石に注目します。生痕化石は行動の痕跡が地層中に残されたものであるため、古生物の生態に関する情報の宝庫です。食性とのかかわりという点では、動物のウンチ（糞）を例にとって考えましょう。肉食動物と草食動物では、一般的にウンチの形が異なります。しかし、骨や歯などと違って、ウンチはもともとやわらかいため、もとの形や大きさのまま化石化する可能性は低いと考えられます。ですので、ウンチ化石から古生物の食性を推定するためにより有効なのは、その中に含まれているものを観察することです。例えば、ウンチ化石の中に骨の欠片を発見した場合、その古生物は肉食であったと推定することができます。

▸ 化石から推定される生態

ギザギザした歯化石（体化石）　　骨片を含んだウンチ化石（生痕化石）

肉食

ただし、これはすべての生痕化石に共通する課題なのですが、そのウンチの"主"が誰なのかわからないという問題があるので、注意が必要です。

どうやって地層の年代値を推定する?

　ある古生物がいつ生息していたのかを知るためには、その化石が産出した地層がいつ形成されたのかを調べる必要があります。この考え方そのものはシンプルですが、具体的にそれが何年前なのかを推定することは一筋縄ではいきません。

　地層の年代値を推定するためには、放射壊変（ほうしゃかいへん）と呼ばれる現象を利用します。放射壊変とは、ある原子核が放射線を出して別の原子核に変化する現象のことです。放射壊変前の原子核を親核種（おやかくしゅ）、放射壊変後に変化して新たに生成された原子核を娘核種（むすめかくしゅ）と呼びます。ここで重要なのは、親核種から娘核種に変化する速度が原子核の種類ごとに一定であるということです。したがって、親核種と娘核種の量を測定することができれば、もとの状態（親核種のみが存在する状態）が何年前であったのかを計算で求めることが可能になります。このように、放射壊変を利用して推定した年代値のことを放射年代（もしくは絶対年代）と呼びます。

　古生物学研究と関連した文脈でよく使われるものの1つに、ウランが鉛に変化する放射壊変があります。実際にこの方法で放射年代を求める際には、火山灰層などの中に含まれるジルコンという鉱物に注目します。ジルコンができた当初には鉛（なまり）が存在しないので、ジルコンに含まれている鉛はすべてウランの放射壊変によって生成されたと考えることができます。したがって、ジルコンに含まれる鉛の量を測定し、ウランから鉛への変化速度を考慮することによって、ジルコンが生成されてからの経過時間がわかるのです（ジルコンの中に含まれる鉛はごく微量ですが、それを高精度に測定できる装置があります）。こうして、火山灰層が今から何年前に形成されたのかを推定できるというわけです。

▶ ジルコンの放射年代測定

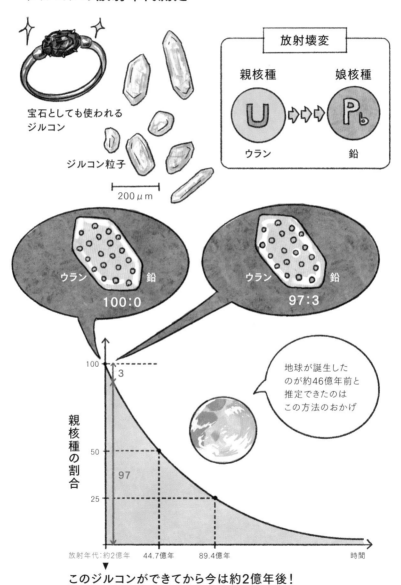

宝石としても使われる
ジルコン

ジルコン粒子

200μm

放射壊変

親核種　　　　　　娘核種

U　⇨⇨⇨　Pb

ウラン　　　　　　　鉛

ウラン　　　　　　鉛
100:0

ウラン　　　　　　鉛
97:3

地球が誕生した
のが約46億年前と
推定できたのは
この方法のおかげ

親核種の割合

100
50
25

放射年代：約2億年　44.7億年　89.4億年　時間

このジルコンができてから今は約2億年後！

18

生体復元図は
どこまで正しい？

　図鑑やインターネットなどで、古生物が生きていた頃の想像図（この本では生体復元図と呼びます）を見たことがあると思います。生体復元図は化石に「生命を吹き込む」ようなものなので、化石を丹念に研究した成果をわかりやすく示すという点では、古生物学の研究において非常に重宝されています。

　リアルに描かれた生体復元図を見ていると、本当にこのような姿をしていたのだと思うかもしれません。しかし、過去の地球上に生息していた古生物の姿を直接観察して描いているわけではもちろんありません。

ティラノサウルス復元図の変遷

イマココ

したがって、その古生物が復元図の通りの姿をしていたのか、本当のところは誰にもわからないのです。

　それでは、一体どのようにして生体復元図を描いているのでしょうか？　そのヒントは、現在生きている生物にあります。恐竜の色を例にとって考えましょう。恐竜の生体復元図はバリエーションも多く、カラフルな色づかいをしています。これは、最近になって羽毛を持った恐竜化石が相次いで発見されるようになり、現生の鳥類に近い鮮やかな色の復元図が増えてきたためです。しかし、ひと昔前の恐竜の復元図を見てみると、モノトーンで地味な色合いのものが目立ちます。羽毛恐竜が発見される前は、トカゲなど爬虫類を参考にして描かれていたからです。

　このように、古生物の生体復元図は、あくまで「今のところは可能性が高い仮説」に基づいて描画されているものなのです。したがって、今後の研究次第では、同じ古生物でも復元図が変わる可能性が常に存在します。古生物学の分野では、保存状態の良い新しい化石が発見されたり、あるいは化石の分析技術が向上したりすることで、研究成果がアップデートされることが多いです。その結果、もしかしたら皆さんがよく知っている古生物も、将来的にはまったく違う姿で描かれているかもしれません。

MEMO

ティラノサウルスの生体復元図は、新しい化石の発見とともにアップデートされてきました。以前はゴジラ型の姿勢と考えられていたのが、現在では尾を水平にした姿で描かれることが多くなりました。体表については、小型獣脚類の多くに羽毛の痕跡が見られることから、同じ獣脚類であるティラノサウルスにも部分的に羽毛が生えていた可能性が指摘されています。ただし、羽毛の量は、幼体か成体かによって異なっていたかもしれません。また、近縁で大型のユウティラヌスは全身が羽毛で覆われていたことが、化石からわかっています。

19

わからないことのほうが
多いけれど

　ここまで、化石からわかる様々な側面について紹介してきましたが、裏を返すと化石からではわからない側面もあります。先に例を挙げた恐竜の色も、わからないことの1つです。それでは、化石からは結局、どこまでわかるのでしょうか？　わかることとわからないことは、どちらが多いのでしょうか？

　古生物学者は、化石を研究することで古生物に関する情報を可能な限り詳細に得ようとします。しかし、考えれば考えるほど、化石からわからないことの方がはるかに多いことに気がつきます。とはいえ、化石は過去の地球上に生息していた古生物の痕跡であり、生命進化の直接的な証拠なので、化石自体の学術的な重要性が変わることはありません。現に、これまでの研究の積み重ねによって、古生物について本書では紹介しきれないほど多くのことがわかってきています。ただし、わかってきたことの裏には、その何百〜何千倍（あるいはそれ以上？）ものわからないことがある、ということは知っておいてもよいでしょう。

　それでも、「わからない」とばかりいっていても学問は進展しません。ここでは、どのような種類の情報がわからないのか、そして、なぜそれがわからないのかを整理してみましょう。化石からわからない情報は、おおまかに2つに区分することができます。①分解されやすい軟組織や生体物質に関する情報、②生理現象に関する情報です。

　①についてですが、体化石として保存されやすいのは骨や歯や殻などの硬組織であり、筋肉や内臓などの軟組織は分解されやすいため、化石化することは極めて稀です。また、核酸やタンパク質、糖類、色素など、生物の体内に存在する化学物質（生体物質）についても分解されやすく、化石として残されることはとてもめずらしいです。

▶ **何がわかって、
何がわからない?**

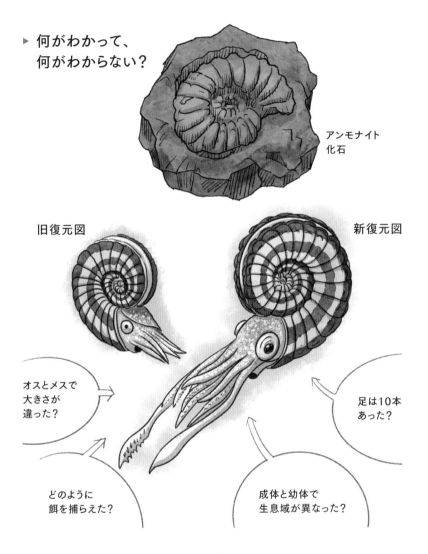

アンモナイト
化石

旧復元図

新復元図

オスとメスで
大きさが
違った?

足は10本
あった?

どのように
餌を捕らえた?

成体と幼体で
生息域が異なった?

　②については、成長や寿命、繁殖期など個体の生活史に関すること、
あるいは神経系・感覚系・免疫系といった生理現象なども、化石からは
ほとんどわかりません。なぜなら、そうした働きを理解するためには細
胞レベル（もしくは分子レベル）で考察する必要があるため、体化石や
生痕化石を観察するだけでは困難だからです。

岩石と鉱物の関係

　本書では、岩石や鉱物に関する話題も多く登場します。すべての化石が地層中に含まれているという性質がある以上、岩石や鉱物と化石を切り離して考えることは不可能です。

　岩石とは鉱物の集合体であり、鉱物とは天然に産する結晶のことで、鉱物は岩石の材料物質であるといえます。しかし、それらの名前を見ていると、混乱してしまいそうなものが少なくありません。例えば、中学校の理科や高等学校の地学基礎（もしくは地学）では、かんらん岩・玄武岩・安山岩・花崗岩（かこうがん）などの岩石と、石英・長石・角閃石（かくせんせき）・かんらん石などの鉱物が登場します。特にかんらん岩（岩石）とかんらん石（鉱物）などは、相当に注意していないと混同してしまいます。また、かんらん石を特徴的に含む玄武岩のことを「かんらん石玄武岩」と呼ぶなど、岩石の中に含まれる主要な鉱物を形容詞的に使う場合もあります。

　そんな岩石と鉱物ですが、料理と食材の関係に例えると理解しやすくなると思います。鉱物が食材に相当し、複数の食材からなる料理が岩石に相当します。「かんらん石って、神秘的な感じがして好きな岩石なんだよね」という時の違和感は、「ジャガイモって、何ともいい味出すから好きな料理なんだよね」の違和感と一緒です。鉱物がジャガイモ（食材）、岩石がカレー（料理）のようなものと考えると、わかりやすいかもしれません。

Chapter 3

化石とたどる
生命の歴史

最古の生命は
いつ生まれた？

　今から約46億年前に地球が形成されて以降、生命はいつ、どこで誕生したのでしょうか？　これは多くの人を惹きつける疑問で、これまでに様々な研究者が取り組んできました。現時点でも揺るぎない正答はなく、現在進行形で研究が進められています。地球最古の生命や最初期の生命進化に迫る研究手法はいくつかありますが、化石を主要な研究対象とする古生物学は、いわば「直接的な証拠」を提示するものです。

　今のところ、地球最古の生命の痕跡と考えられているのは、約39億5000万年前の炭質物です。炭質物とは炭素に富んだ有機物のことで、カナダのラブラドル地域に分布している世界最古の岩体の中から見つかりました。大きさは数十〜数百μmと非常に小さく、おそらく生命体のすべてが残っているわけではなく、生命体を構成していた有機物の一部

▶ **化石から探る**
　初期生命の痕跡

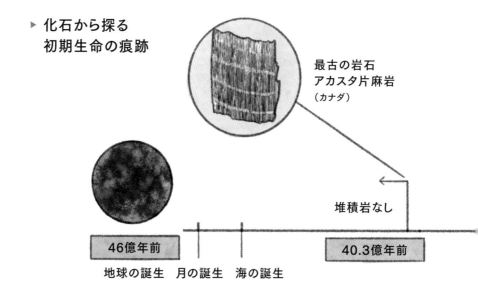

最古の岩石
アカスタ片麻岩
（カナダ）

堆積岩なし

| 46億年前 | | 40.3億年前 |

地球の誕生　月の誕生　海の誕生

に由来するものと考えるのが妥当でしょう。ですので、この炭質物は、分子化石と見なすこともできます。

　さて、それでは一体どのようにして、こんな小さな炭質物が生命体に由来するとわかったのでしょうか？　そこで登場するのが、炭素の同位体（同一の元素で、原子の質量が異なるもの）の比率を調べるという手法です。岩石中に残された炭質物には生命活動を一切介さず無機的に生じたものもありますが、無機的に生じた炭質物と生命体由来の炭質物では、炭素同位体比の値が大きく異なります。そして、ラブラドル地域の岩体に含まれる炭質物の炭素同位体比を測定したところ、生命体由来と考えられる値を示したのです。なお、この重要な研究は、日本人研究グループによって主導されました。

　少なくとも約39億5000万年前には地球上に生命が存在していたということは、地球最古の生命が誕生したのはそれ以前だということです。残念ながら、それが実際に何年前なのかということはわかっていません。ただし、地球誕生後の比較的「すぐ」の段階で既に生命が存在していたであろうことは確かです。

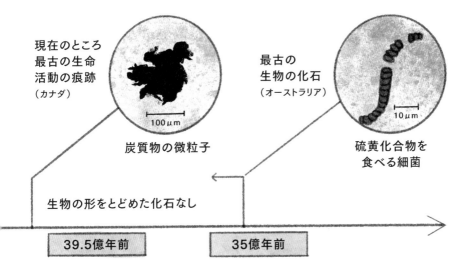

現在のところ
最古の生命
活動の痕跡
（カナダ）

100μm

炭質物の微粒子

最古の
生物の化石
（オーストラリア）

10μm

硫黄化合物を
食べる細菌

生物の形をとどめた化石なし

39.5億年前

35億年前

生命の初期進化

　最古の生命がどこで誕生し、どのように進化してきたのかについては、複数の学説が存在します。主要なものとしては、粘土鉱物と呼ばれる鉱物が重要な役割を果たすことで海底の堆積物中で誕生したという説と、海の中で熱水が噴き出しているような場所（熱水噴出孔）で誕生したという説があります。いずれにしろ、最初期における生命は、原核生物と呼ばれる単細胞の微生物だったと考えられています。こうした原核生物たちの時代は、実に長く続きました（現在も多くの原核生物がいます）。特にシアノバクテリアという原核生物の痕跡は、分子化石やストロマトライト（シアノバクテリアの遺骸と堆積物粒子から構成される層状の岩体）として、古い時代の地層からよく見つかります。

　その後、単細胞の微生物グループから、細胞の中に細胞核やその他の複雑な細胞小器官を備えた真核生物と呼ばれる生物が誕生します。真核生物における最古の化石としては、今から約21億年前のものが知られています。ただし、真核生物に由来する分子化石はもう少し古い時代の岩石中から発見されています。

　さて、現在の地球上では、肉眼で認識できる生物はほぼすべて複数の細胞を持っています。そんな多細胞生物が出現するのは今から約13〜12億年前で、約6億年前になって初めて大型の多細胞動物群集が出現したとされています。ただし、最近の研究で、今から約24億年前の多細胞生物とされる化石も報告されています。

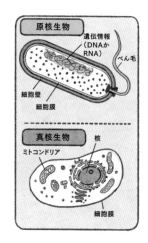

このような生命の初期進化については、より古い時代に形成された岩石の現存量が少なく、わからないことが多いのが現状です。とはいえ、真核生物や多細胞生物の出現や進化に大きく影響したであろう環境要因については、研究者間で比較的よく見解が一致しており、酸素濃度がキーワードです。

　一般的に、大型で複雑な生物は小型で単純な生物に比べて、より多くの酸素を必要とします。地球誕生直後は大気中に酸素は存在していませんでしたが、その後現在までの間に、大きく2段階に分けて酸素濃度が急上昇したと考えられています。その一因として、シアノバクテリアの光合成が挙げられます。興味深いことに、第1段階の酸素濃度急上昇（「大酸化イベント」と呼ばれています）は約22億年前で真核生物の出現時期と対応しており、第2段階は約6億5000万年前で大型の多細胞動物群集の台頭と対応しています。酸素濃度の上昇が、より大型でより複雑な生命の進化の引き金になった可能性があります。

▶ **酸素濃度の急上昇と生命の初期進化**

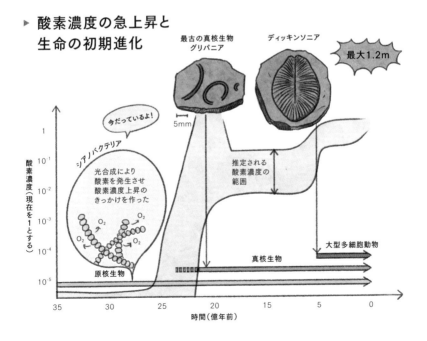

カンブリア爆発

　地球の生命進化史上、最も重要な現象の1つといえば、カンブリア爆発です。地球上で実際に何かが爆発したわけではなく、カンブリア紀に起こった爆発的な生命進化現象を指します。カンブリアの生命大爆発、カンブリア大爆発などとも呼ばれます。このカンブリア爆発のポイントは大きく2つ、複雑化と多様化です。

　カンブリア紀とは、今から約5億3900万〜4億8500万年前の地質年代です。カンブリア紀よりも前の化石記録に基づくと、それ以前は単純な体のつくり（ボディプラン）の生物ばかりで、かつ多様性も低かったと考えられています。しかし、カンブリア紀の地層からは、複雑なボディプランを持つ動物の化石が見つかるようになり、その多様性も一気に増大します。

　まずは、複雑化から見ていきましょう。現存するすべての動物は、その基本的なボディプランによって複数の大グループ（門という分類階級）に区分されます。化石記録を調べると、現存する門は時間をかけて徐々に出現してきたわけでなく、ほとんどすべての門がカンブリア紀という特定の地質年代に出揃ったことがわかっています。このことは、カンブリア紀にボディプランの複雑化が起こったことを示しています。

　次に多様化について見てみると、カンブリア紀初期には化石の属（門よりも下

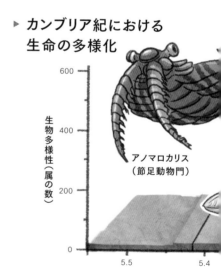

▶ **カンブリア紀における生命の多様化**

生物多様性（属の数）

600

400

アノマロカリス
（節足動物門）

200

0

5.5　　　5.4

位の分類階級）数は50にも満たなかったのが、「わずか」2000万年後くらいには、600以上になっていたようです。2000万年というのは気が遠くなるような長い時間に感じるかもしれませんが、約40億年にも及ぶ生命進化の歴史のうちでは、0.5％にすぎないのです。

　このように、化石の研究からは、「爆発」と呼ぶのに相応しい劇的な進化現象がカンブリア紀に起こったと考えられています。有名どころだと、アノマロカリスやハルキゲニアといったユニークな古生物たちも、カンブリア紀に出現しました。ただし、遺伝子の分析によるとカンブリア紀以前に多くの門は分岐しており、ボディプランの複雑化は既に起こっていたとも考えられています。もしかしたら、化石として残りやすい硬組織を備えた動物が多く出現したため、化石記録としては「急に」複雑化・多様化したように見えているというだけで、実際には「ゆっくりと」進んでいた現象なのかもしれません。ただし、その場合であっても、「なぜカンブリア紀という特定の時代に、多くの動物が硬組織を獲得したのか？」という新たな問いにつながるので、カンブリア爆発自体の進化学的な重要性が低くなるわけではありません。

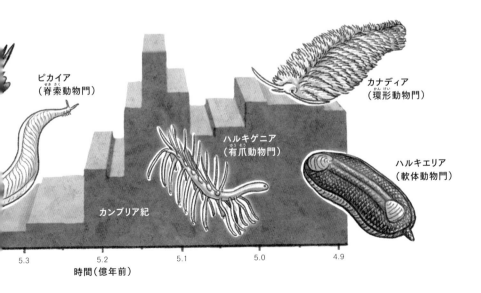

ピカイア
（脊索動物門）

カナディア
（環形動物門）

ハルキゲニア
（有爪動物門）

ハルキエリア
（軟体動物門）

カンブリア紀

5.3　　　　5.2　　　　5.1　　　　5.0　　　　4.9

時間（億年前）

カンブリア紀の
農耕革命

　生命の複雑化と多様化に加えて、カンブリア紀の海では、もう1つの重要な現象が起こりました。それは、カンブリア紀の農耕革命と呼ばれる進化現象です。これには、ある生物が海底堆積物の中に「潜る」という行動が大きく関係しています。

　それは、一見するとシンプルな行動に感じられます。実際に、現在の海底では干潟環境から深海底に至るまで、様々な生物の巣穴が観察され、海底の至るところで何らかの生物が堆積物中に潜って暮らしている状況です。

　それでは一体、この行動は、いつ頃に進化したのでしょうか？　実はそれも、カンブリア紀だと考えられています。それ以前にも、海底には比較的大型の動物が生息していたことが化石記録からわかっていますが、それらの大半は海底堆積物の表面部（海底面）で

▶ カンブリア紀前後の海底の変化

カンブリア紀以前

生活していたようです。ところが、カンブリア紀になると、堆積物中に深く潜り込むような行動をとる動物が急激に増えてきたと考えられています。実際に、カンブリア紀の地層からは生物が潜り込んだことを示す巣穴化石が多く見つかるようになります。

　それでは、このような「潜る」という行動の獲得と「農耕革命」という名称は、どのように関係しているのでしょうか？　カンブリア紀に入って、海底堆積物中に深く潜る動物が増えたため、海水中に溶け込んでいる酸素が堆積物の奥深くまで供給されるようになりました。こうして、代謝時に多くの酸素を必要とするような大型の動物でも、堆積物深部に潜って生息できるようになったのです。

　すなわち、動物が堆積物中に潜り込んで攪拌（かくはん）することで酸素がますます供給され、結果として深く潜って生息する動物が増えていったと考えることができます。それはまるで、人類が鉄具（鍬（くわ））を用いて地面を掘り起こすことで地中深くまで肥料が供給され、作物の生産量を増すことに成功した「農耕」の歴史によく似ています。それが「農耕革命」というネーミングの由来です。

カンブリア紀

視覚の獲得

　さて、カンブリア爆発として認識されている重要な生命進化現象が起こるのには、どのようなきっかけがあったのでしょうか？　これまでに様々な学説が提唱されており、例えば、酸素濃度の増加、海洋の化学組成の変化（当時はまだ陸上に生命が進出していませんでした）、生物が生息しやすい沿岸環境の拡大、捕食圧（ほしょくあつ）の増加に伴う被食者の進化の加速などが挙げられています。ただし、これは何か１つの要因ということではなく、様々な要因が複合的に作用した結果として起こった進化現象なのかもしれません。

　数あるきっかけの中でも、ここでは捕食圧の増加に伴う被食者の進化という点について、取り上げてみましょう。捕食圧とは、捕食者による捕食がある生物群の個体数や形態などに及ぼす作用を指します。キーポイントは、眼の誕生（視覚の獲得）です。まず、先カンブリア時代の後期に、眼を持つ動物が現れました。視覚を獲得した動物は、餌（えさ）（獲物となる別の動物）を効率的に探すことが可能になります。一方で、獲物とされてしまう被食者側については、硬い殻や棘（とげ）などの外部形態を獲得したり、海底堆積物中に深く潜るような行動を獲得したり、同じように眼を獲得して捕食者から効率的に逃げることが可能になった個体こそが、捕食される確率を下げることができました。そうすると、捕食者側はさらに精度の良い眼を獲得したり、より効率的に遊泳できるようになったりすることで、捕食成功確率を上げるようになりました。

　このように、捕食者と被食者の間に「イタチごっこ」のような作用が働き、カンブリア紀になって様々な外部形態を持った生物たちが誕生したのだと考えられています。その結果、多様な形態の体化石や複雑な行動を反映した生痕化石が出現するようになったのでしょう。生命進化史

▶ 見えることによる「イタチごっこ」

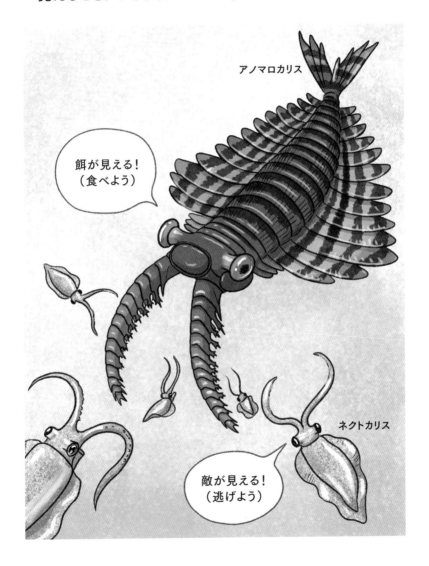

の中でも、特に重要なカンブリア爆発の要因（の一部）が生物同士の捕
食－被食関係という相互作用であったのは、とても興味深いです。

オルドビス紀の
大放散イベント

　カンブリア爆発を経て多様化・複雑化した生物は、その後どのような進化史をたどったのでしょうか？　カンブリア紀の次の地質年代であるオルドビス紀にも、重要な生命進化現象が起こりました。これはオルドビス紀の大放散イベント、または生物大放散事変などと呼ばれています。名称からは、オルドビス紀に生物が大規模に広がっていったのだろうと推察できますが、カンブリア爆発と似ている感じがします。起こった時代が異なるだけで、実体は似たような進化現象だったのでしょうか？

　オルドビス紀にも生物は多様化しましたが、カンブリア爆発とは異なり、新たなボディプランの出現（新たな門の出現）は見られませんでした。このことは、オルドビス紀の多様化が、あくまでカンブリア紀に出現したボディプランの制約の中で起こったことを示唆しています。オルドビス紀の大放散イベントの特徴は、生息場所や生態などが多様化したことです。例えば、カンブリア紀は深海域には生物がほとんど生息していませんでしたが、オルドビス紀になると深海底で形成した地層中からも化石が産出するようになります。また、生痕化石の種類も増加しており、海洋底生生物の行動のバリエーションが増加した証拠だと考えられています。

　この大放散イベントの要因については、植物プランクトンの多様化に伴い有機物の生産が増加したこと、海洋に供給される栄養塩（光合成のために必要な塩類）が増加したこと、海水準（海面の平均的な高さ）が高くなり浅海域が拡大したこと、捕食圧の増加に伴う「イタチごっこ」の発生などが提唱されています。カンブリア爆発と同じく、どれか１つの要因に起因するものではなく、複数の要因が複合的に作用した結果なのかもしれません。

▶ オルドビス紀における生痕分布の拡大

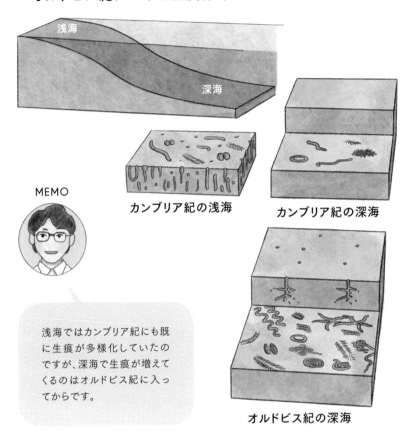

浅海

深海

MEMO

カンブリア紀の浅海

カンブリア紀の深海

浅海ではカンブリア紀にも既に生痕が多様化していたのですが、深海で生痕が増えてくるのはオルドビス紀に入ってからです。

オルドビス紀の深海

　オルドビス紀末には、生命進化史上5本の指に入る規模の生物大量絶滅（ビッグ5）が発生しました。地球規模の寒冷化が起こり、極域に大規模な氷床が発達したようです。氷床の量が増えると海水の量が減り、海水準が下がります。すると、浅海域の一部が干上がってしまい、生物の生息に適した面積が減少します。現に、オルドビス紀末の大量絶滅では、浅海域に生息していた底生生物やサンゴのような造礁生物が甚大な被害を受けたことがわかっています。

陸上植物の進化

　ここまで読んできて、「海に生息していた古生物の話題ばかりだな」
と感じた人もいるかもしれません。実はこれには理由があって、生命誕
生以降カンブリア紀までは、ほぼすべての生物は海洋中（海底堆積物中
も含む）にしか生息していなかったからです。そのような中、最初期に
陸上に出現したのは植物でした。最古級の陸上植物の化石はオルドビス
紀の地層から報告されており、コケ類やその胞子とされる化石が見つか
っています。

　ただし、植物が急速に進化したのは、シルル紀になってからと考えら
れています。シルル紀になると、コケ類や地衣類（藻類と菌類の共生体）
だけでなく、より大型で複雑な形状をした陸上植物の化石が見つかるよ
うになってきます。シルル紀の植物化石として有名なものには、クック
ソニアやリニア、バラグワナチアなどがあります。これらの陸上植物の
分類についてはよくわかっていないことも多いですが、例えばクックソ
ニアは高さ約 10 cm ほどで、細い針金状の茎が立体的に二又分岐し、
それぞれの先端に胞子嚢を付けていました。シルル紀以前に陸上進出し
ていたであろうコケ植物とは、大きく異なる形状です。ただし、維管束
などの特徴は見られないので、シダ植物とも異なるようです。

　さらに、デボン紀や石炭紀になると陸上植物はますます多様化し、高
さ 20 m を超す大型の植物化石も見つかっています。種子を作るような
植物も出現し、それによって乾燥した陸域内部へと分布を拡大すること
が可能になりました。このような植物の進化に伴って、陸上の環境も大
きく変化しました。陸上植物が増えて活発な光合成が起こったことが一
因となり、大気中の酸素濃度が増加して、反対に二酸化炭素濃度が減少
しました。また、現在当たり前に見られる土（学術的には土壌と呼びま

▶ 植物の多様化・大型化

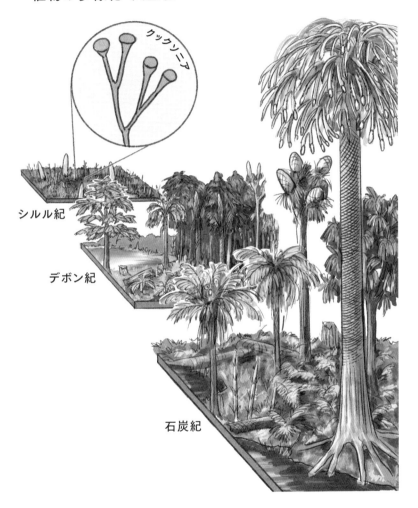

クックソニア

シルル紀

デボン紀

石炭紀

す）の形成には、植物（特に根を持つ植物）の存在が不可欠であり、デ
ボン紀の地層からは植物の根の化石も発見されています。植物が出現す
る以前の陸上は、土がなくてむき出しの岩盤だらけで、かなり殺風景な
世界だったと思われます。

魚類の繁栄

　陸上では植物の多様化と大型化が進んでいたデボン紀ですが、海の中でも興味深い進化現象が起こりました。魚類の多様化です。ただし、デボン紀に栄えた魚類は、現在生息している魚類とはだいぶ顔ぶれが違っていたようです。魚類は大きく２種類、顎（あご）を持たないグループと顎を持つグループに分けられます。現在は顎を持つ顎口類（がっこうるい）を普通に見られますが、初期の魚類は顎のない無顎類（むがくるい）のみでした。

　魚類はカンブリア紀には既に出現していましたが、デボン紀になると劇的に多様化し、甲皮類（こうひるい）や板皮類（ばんぴるい）といったグループが特に大繁栄しました。甲皮類も板皮類も体の表皮が発達した骨板や鱗（うろこ）で覆われているため、甲冑魚（かっちゅうぎょ）と呼ばれることもあります。中には非常に大型になる種も知られており、例えば板皮類のダンクルオステウスは全長が最大８ｍ以上に達したとする推測もあります。

　一体なぜ、デボン紀は「魚類の時代」と呼ばれるほどに多様化・大型化したのでしょうか？　これは、デボン紀の地球環境にヒントがありそうです。過去の大気酸素濃度を推定する際に注目される指標の１つに、地層中のモリブデンという元素があります。約８億年分の地層中に含まれるモリブデンのデータを解析した研究によると、デボン紀前期（約４億年前）に大気酸素濃度が上昇したことが推定されています。

　それでは、このことと魚類の多様化にはどのような関係があるのでしょうか？　大気酸素濃度が上昇すると、水中に溶け込む酸素も増えます。水中を遊泳するには多くの酸素が必要ですし（私たちヒトも平常時よりも運動時には呼吸数が増加します）、一般的には大型の生物ほどその必要量は多くなります。ダンクルオステウスのような巨大な甲冑魚が水中を泳ぐことができたのは、水中に多くの酸素があったからこそです。以

上のことから、デボン紀前期の酸素濃度上昇が魚類の劇的な多様化の一因であったと考えられています。

▶ デボン紀の魚類

今もいる顎のない魚類

ドリアスピス

ヤツメウナギ

ヌタウナギ

ウナギとは関係ないよ

ドレパナスピス

無顎類
甲皮類

顎口類
板皮類　ダンクルオステウス
※最近の研究によると、従来考えられていたほどには大きくなかったのかもしれません。

両生類の陸上進出

　古生代に陸上進出したのは、植物だけではありません。古生代中期～後期における生物進化を考える上で、動物の陸上進出を欠かすことはできません。デボン紀は魚類が多様化しましたが、両生類の進化を考える上でも非常に重要な時代です。水域から陸上へ進出を果たすには、陸上生活に欠かせない機能をいくつも獲得しなければなりませんでした。例えば、肺呼吸、重力を支える骨格、陸上での移動能力、乾燥耐性などが挙げられます。

　両生類は、魚類の一部の系統である肉鰭類（にくきるい）から進化したのですが、特にデボン紀後期に生息していたユーステノプテロンが両生類へと直接つながる系統の第一候補と考えられています。ユーステノプテロンは、既に高度な肺を持っており、水面に口を出して空気を肺に直接取り込む呼吸を行っていたと推測されています。最初期の原始的な両生類と考えられているアカントステガの化石も、デボン紀後期（ユーステノプテロンが生きた時代の約1000万年後）の地層から発見されています。その形態的特徴を考慮すると、おそらく水中で生活していたようです。また、

▶ **両生類の進化**

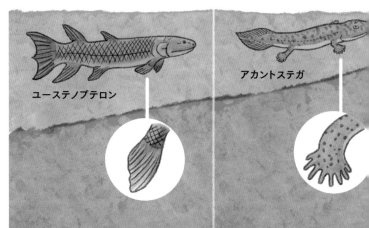

ユーステノプテロン

アカントステガ

同じ地層からイクチオステガという別の原始的な両生類の化石も見つかっており、陸上で重力を支え得る丈夫な四肢と骨格を持っていることから、初めて陸上進出を果たした脊椎動物だと考えられています。

とはいえ、イクチオステガの形態的特徴からは、四肢を使って自在に歩行することは難しかっただろうと推測されています。陸上でのスムーズな移動能力を獲得した最初期の両生類と考えられているペデルペスの化石は、石炭紀前期の地層から発見されています。ペデルペスは、太く頑丈な5本の指を持っていました。現在の四肢動物も基本的には5本の指を持っていますが、実は最初期の両生類は指の本数が多かったことがわかっています。ここで登場したアカントステガは8本、イクチオステガは7本の指を持っていたようです。

しかし、これらの両生類は乾燥耐性を十分に獲得したとはいえず、陸上進出を果たしたとはいえ、水辺周辺に依存して生活していたと思われます。脊椎動物が水から遠く離れて陸上の乾燥した環境で生活できるようになるのは、爬虫類が出現して以降ということになります。

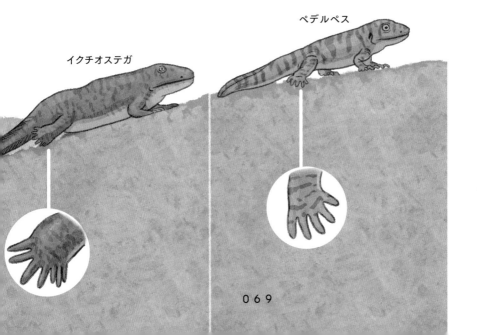

ペデルペス

イクチオステガ

昆虫の巨大化

　デボン紀には、無脊椎動物も陸上進出を果たすようになります。オルドビス紀〜シルル紀にかけて起こった植物の陸上進出と合わせると、デボン紀は陸上生態系の基本構造ができあがりつつあった時代と考えることができます。この時期には、トビムシ類・ダニ類・カニムシ類・ムカデ類・ヤスデ類などの化石が発見されていることから、節足動物の陸上での多様化が起こったと考えられています。そのうち、特に多様性が高いグループは昆虫類です。現在、その大区分（目という分類階級）は30に分けられていますが、大半がデボン紀〜ペルム紀のうちに出現しました。中生代以降にも昆虫の多様化は起こりましたが、そのほとんどは古生代に出現した基本的なボディプランの制約の中で起こった多様化なのです。古生代に起こったのは目という上位分類での多様化であったのに対し、中生代や新生代に起こったのは目よりも下位分類（科や属、種）の多様化でした。

　そして、古生代の昆虫類の一部には、非常に大型なものも存在していました。中でも有名なのは、石炭紀に生息していた巨大なトンボ類であるメガネウラで、翅を開いた状態での長さは60 cmに達することもあったようです。石炭紀には既に両生類が陸上に進出していたので、これらの巨大な昆虫類の一部は、陸上両生類の貴重な餌資源になっていた可能性もあります。

　それでは、石炭紀に超巨大な昆虫類が出現した要因は何だったのでしょうか？　今のところ最有力視されているのは、石炭紀には大気中の酸素濃度が極めて高かったことです。小型の節足動物であれば、その外皮は薄くガス透過性が高いため、体表面から十分な酸素を取り込むことができます。しかし、大型の節足動物ではそうはいかず、外皮も厚くなり、

呼吸に特化した器官が必要になります。多くの昆虫では、気門で取り入れられた酸素は気管を通過して細胞に輸送されるため、体のサイズが大きくなりすぎると、十分な量の酸素を運ぶことができなくなります。しかし、石炭紀のように、そもそも大気中の酸素濃度が現在よりも高い環境では、超巨大な昆虫であっても生育に十分酸素を取り入れることが可能となり、繁栄することができたのでしょう。

▶ 酸素濃度の変化と巨大昆虫の出現

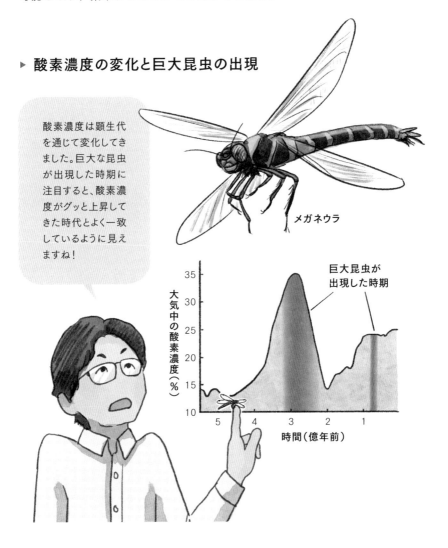

酸素濃度は顕生代を通じて変化してきました。巨大な昆虫が出現した時期に注目すると、酸素濃度がグッと上昇してきた時代とよく一致しているように見えますね!

メガネウラ

巨大昆虫が出現した時期

大気中の酸素濃度（％）

時間（億年前）

30

史上最大の大量絶滅

　生命進化の歴史というと、生物の種類が増えるような多様化や、様々な場所に分布を広げていくような放散といった現象をイメージすることが多いと思います。しかし、顕生代のカンブリア紀以降を通じた生物の種類を見てみると、必ずしも右肩上がりで増加してきたわけではないことが見えてきます。地質学的に短期間のうちに、生物の種類が大きく減少した現象のことを大量絶滅と呼んでおり、顕生代の間に５回発生しました（「ビッグ５」とも呼ばれています）。中でも最も規模が大きかったのは、今から約２億5100万年前の古生代・ペルム紀末の大量絶滅です。驚くべきことに、地球上の約95％もの種が途絶えたと考えられています（ただし、実際には二段階で絶滅のピークがあったようです）。古生代を通じて大繁栄した三葉虫も、この時に絶滅してしまいました。それでは、地球生命史上最大の大量絶滅の要因は何だったのでしょうか？

　大きな引き金となったのは、超巨大規模の火山活動だと考えられています。それに伴い、大気中にエアロゾルが放出されて太陽光を遮断し、植生の崩壊を引き起こした結果、陸上生態系の崩壊に繋がりました。さらに、大量の二酸化炭素が放出されることで、世界規模で急激な温暖化が起こりました。温暖化が進行すると、海は酸欠状態になってしまいます。加えて、海水の化学的状態が変化したことで、本来であれば海水中に溶け込んでいるはずの必須元素（生物の生存に必要不可欠で、外部環境から摂取しなければならない元素）が枯渇してしまったという証拠も報告されています。

　このように、古生代末には火山活動がきっかけとなって、陸でも海でも大規模な環境変動が起こり、史上最大規模の大量絶滅が引き起こされたのです。ただし、こういうとネガティブな側面しかないように感じて

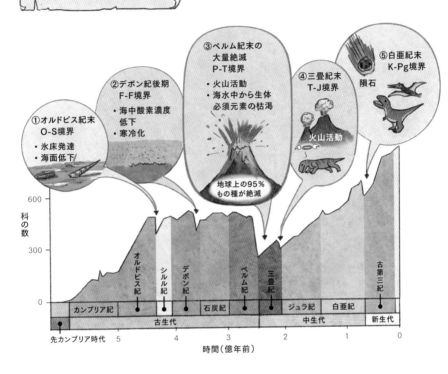

大量絶滅「ビッグ5」と
その考えられる主要因

①オルドビス紀末
O-S境界
・氷床発達
・海面低下

②デボン紀後期
F-F境界
・海中酸素濃度
低下
・寒冷化

③ペルム紀末の
大量絶滅
P-T境界
・火山活動
・海水中から生体
必須元素の枯渇

④三畳紀末
T-J境界
火山活動

⑤白亜紀末
K-Pg境界
隕石

地球上の95%
もの種が絶滅

科の数

600

300

0

オルドビス紀　シルル紀　デボン紀　石炭紀　ペルム紀　三畳紀　ジュラ紀　白亜紀　古第三紀

カンブリア紀

古生代　　　　　　　　　　　　　　中生代　　　　　新生代

先カンブリア時代　5　　　4　　　3　　　2　　　1　　　0

時間（億年前）

MEMO

多様化だけでなく、大量絶滅も
生命進化に重要な影響を及ぼ
していたのですね！

しまいますが、実は大量絶滅には進化上の重要な意義があります。なぜ
なら、それまでの生態系が崩壊して新たな生態系が構築され、結果とし
て新たな生物の繁栄を引き起こす可能性があるからです。

中生代の海洋変革

　中生代といえば恐竜、というイメージがある人も多いでしょう。確かに、陸上生態系では恐竜が大繁栄した時代ですが、一方の海洋生態系ではどのようなことが起こっていたのでしょうか？　実は中生代（特に白亜紀）には、海洋生態系全体の構造が大きく変わったことを示す証拠が数多く報告されています。

　中生代の海洋生態系の変化には、２つの重要な側面があります。１つ目は植物プランクトンの多様化です。植物プランクトンは海洋表層に生息して光合成を行うため、海洋生態系における食物連鎖構造の屋台骨を支える存在です。中生代以降に多様化した植物プランクトンの代表格は、ハプト藻類や渦鞭毛藻類、珪藻類で、死後に海水中を沈降して海底に到達し、海底に生息している生物の餌資源となりました。特にハプト藻類や珪藻類では、鉱物質の殻を持つこと、あるいは季節的に大増殖をすることによって、より効率的に海底に輸送されるようになります。そのため、より多くの餌資源を効率的に利用できるようになった底生生物でも様々な進化現象が引き起こされたと考えられています。この進化現象の証拠は、ウニの化石や生痕化石などに記録されています。

　２つ目は捕食圧の増加です。中生代の海洋生態系では、他の生物を捕らえて食べるような捕食者の割合が増加したことを示す化石記録があります。その結果、捕食者と被食者の「イタチごっこ」が起こったと考えられています。例えば、中生代の巻貝類（被食者）では、物理的に強度の高い殻構造を持つ化石種の割合が増えました。一方、捕食に弱いと考えられる種の割合は、中生代を境にどんどん減少しています。この現象は「中生代の海洋革命」と呼ばれています。興味深いのは、古生代だけでなく中生代においても、こうした生物たちの「イタチごっこ」が海洋

▶ 海洋生態系の変化の一例

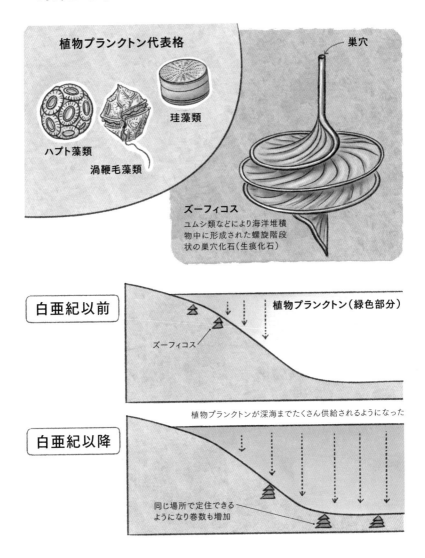

植物プランクトン代表格

珪藻類

ハプト藻類

渦鞭毛藻類

巣穴

ズーフィコス
ユムシ類などにより海洋堆積
物中に形成された螺旋階段
状の巣穴化石（生痕化石）

白亜紀以前

植物プランクトン（緑色部分）

ズーフィコス

植物プランクトンが深海までたくさん供給されるようになった

白亜紀以降

同じ場所で定住できる
ようになり巻数も増加

生態系における進化を引き起こす普遍的な要因となっていた可能性があ
ることです。

大恐竜時代

　中生代の陸上生態系を考察する上で、恐竜について触れないわけにはいきません。中生代はやはり「大恐竜時代」と呼ぶに相応しい地質年代です。恐竜とは、中生代三畳紀に地球上に現れた爬虫類の1グループを指します。三畳紀は恐竜が出現した時期ではありますが、当時はまだそこまでメジャーな存在ではなかったのかもしれません。というのも、三畳紀の陸上生態系においては、獣弓類など別の脊椎動物が繁栄していたからです。獣弓類というのはあまり聞きなれないグループかもしれませんが、実は我々ヒトを含む哺乳類は獣弓類から派生したグループなのです。一方の恐竜は、その後のジュラ紀と白亜紀で大繁栄し、獣弓類に取って代わって陸上生態系の主役になったわけです。

　ジュラ紀と白亜紀には、皆さんも一度は名前を聞いたことがあるであろう数々の有名恐竜たちが地球上に出現しました。例えば、アルゼンチノサウルスやスーパーサウルスなど30〜40m級の超大型恐竜を含む、首の長い四足歩行の植物食恐竜のグループ（竜脚形類）は、三畳紀後期頃に出現したと考えられていますが、最も繁栄していたのはジュラ紀後期です。また、ティラノサウルスやスピノサウルスなどを含む二足歩行の肉食恐竜のグループ（獣脚類）

▶ 恐竜の系統

鳥盤類

恐竜

竜盤類

も、三畳紀後期の出現以降、白亜紀末まで繁栄しました。

　恐竜の大繁栄を示す証拠としては、分布域の広さも重要です。例えば、白亜紀後期の地球は現在と比べて極めて温暖な環境であったと推測されていますが、それでも極域は比較的寒冷な環境で、特に大型の陸上動物にとっては厳しい環境だったと推測されています。にもかかわらず、アメリカのアラスカ州から発見された化石などから、北極圏にもドロマエオサウルス類やハドロサウルス類、テリジノサウルス類など、多種多様な恐竜が生息していたことがわかっています。

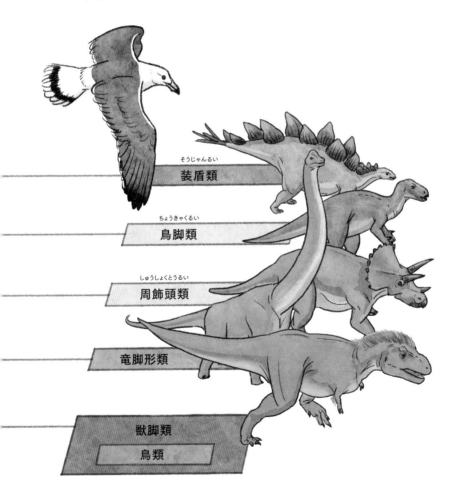

装盾類（そうじゅんるい）

鳥脚類（ちょうきゃくるい）

周飾頭類（しゅうしょくとうるい）

竜脚形類

獣脚類

鳥類

恐竜は絶滅した？

　ジュラ紀と白亜紀を通じて大繁栄した恐竜ですが、白亜紀末に大打撃を受けました。「ビッグ5」のうち5回目に当たる、大量絶滅が起こったのです。化石記録を見てみると、恐竜だけでなく、陸上生態系にも海洋生態系にも深刻な被害が及んだことがわかっています。

　この大量絶滅を引き起こした要因については、「ビッグ5」の中でも研究事例が多く、かなり解明されています。考えられているのは、地球に直径10〜15 kmほどの小天体が衝突し、衝突による大規模な環境変動によって多くの種が絶滅に至った、ということです。その証拠も、地層に残されていました。白亜紀末に形成された地層を調査すると、場所によらず類似した特徴が見られることがわかってきました。例えば、イリジウムという、本来であれば地球表層にはほとんど存在しないはずの元素が濃集していたり、非常に高温高圧な環境を経験しなければ生成されないような構造や粒子が見つかったりしています。加えて、白亜紀末の天体衝突の際にできたと考えられる直径160 kmほどのクレーター（チクシュルーブ・クレーター）が、メキシコのユカタン半島沖の海底で発見されたことも重要な追加証拠となりました。

　それでは、この小天体衝突によって、恐竜は地球上から絶滅してしまったのでしょうか？　実は、完全に絶滅してしまったわけではありません。というのも、現存する鳥類は、羽毛が生えた獣脚類（羽毛恐竜）から派生して進化したと考えられているからです。この意味では、鳥類も恐竜の一部に含むことができます。したがって、より正確に述べると、白亜紀末には鳥類を除くすべての恐竜（非鳥類型恐竜とも呼ばれます）が絶滅してしまった、ということなのです。つまり、鳥類は現在も生きているため、恐竜というグループは絶滅していないということになりま

す。この議論で興味深いのは、なぜ鳥類だけが生き残ったのかという点
です。これについては、大量絶滅の生き証人（大量絶滅直後の鳥類化石）
が見つかっていないこともあり、まだよくわかっていません。

▶ 白亜紀末の大量絶滅

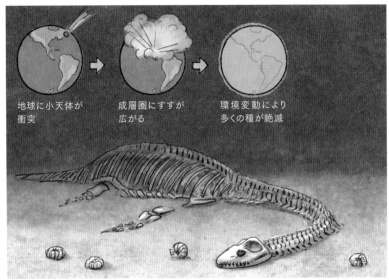

地球に小天体が衝突 → 成層圏にすすが広がる → 環境変動により多くの種が絶滅

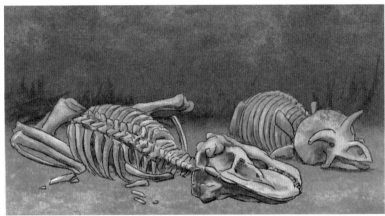

気温や水温の低下、低緯度干ばつ、光合成の停滞などが起こり、海洋（上）でも陸上（下）でも生
物の大量絶滅が起こった。

哺乳類と新生代

　中生代が恐竜の時代であるならば、その後の新生代は哺乳類の時代と表現されることが多いです。中生代の陸上生態系において、哺乳類は存在していたものの、比較的マイナーな存在でした。一方の新生代では、爬虫類と比べると哺乳類や鳥類がより存在感を増してきます。

　ここでも、大量絶滅をきっかけとした生物群集の大きな入れ替わり現象が起こりました。例えば、現存する鯨類のグループ（ヒゲクジラ類など）は、始新世から漸新世にかけて出現したと考えられています。白亜紀後期は温暖で、極域にも氷床が存在しないような環境でしたが、漸新

▶ **珪藻類とヒゲクジラ類の多様化**

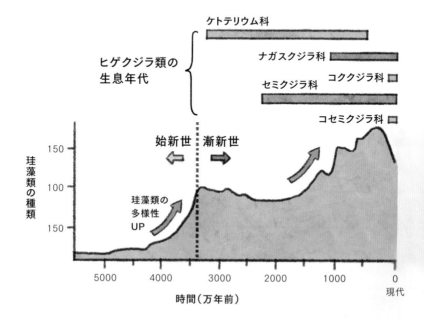

世になると南極氷床の形成が開始され、寒冷化が始まりました。極域での氷床発達に伴って陸域では乾燥化が進み、乾燥環境でも生育できるような植物が分布を広げていきます。特に、イネ科などの植物にはプラント・オパールと呼ばれるガラス質の珪酸体（けいさんたい）が含まれており、そのような植物の生息域周辺の海洋には、珪酸がより多く供給されるようになります。珪酸は、海に生息する植物プランクトンにとって光合成に欠かせない栄養塩の一種であり、漸新世にかけて珪藻の多様化を引き起こしたと考えられています。鯨類は、魚類や頭足類、オキアミなどの甲殻類を食べますが、魚類や頭足類はオキアミを、オキアミは珪藻を主要な餌（えさ）としています。

　これらすべてをまとめると、漸新世にかけての寒冷化とリンクして起こった珪藻の多様化が、食物連鎖を通じて同時代の鯨類の多様化を引き起こす要因になったといえそうです。

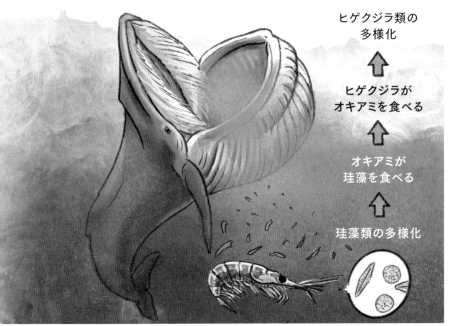

ヒゲクジラ類の
多様化

↑

ヒゲクジラが
オキアミを食べる

↑

オキアミが
珪藻を食べる

↑

珪藻類の多様化

35

人類の進化と第四紀

　新生代の中でも、約258万年前〜現在を含む地質年代を第四紀と呼びます。第四紀の地球環境は、氷期−間氷期サイクルと呼ばれる気候変動によって特徴づけられます。つまり、寒冷な時代（氷期）と比較的温暖な時代（間氷期）を周期的に繰り返してきたのです（現在は間氷期）。また生命進化の観点から、第四紀は人類の時代と呼ばれることもあり、人類の進化というのがその重要な特徴です。

　人類そのものは第四紀以前に既に地球上に誕生しており、最古級の人類と考えられているサヘラントロプス・チャデンシスの化石は、アフリカ中部の約700万年前の地層から発見されています。また、人類の特徴の1つとして直立二足歩行が挙げられますが、タンザニアにある約360万年前の地層からは二足歩行を示唆する足跡化石が見つかっていま

▶ 人類の進化

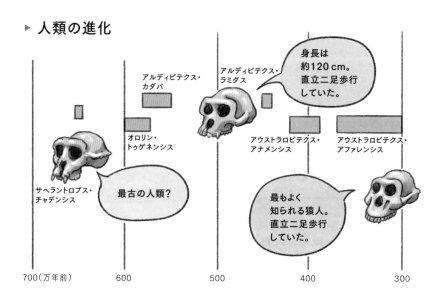

す。さらに、ギリシャ・クレタ島で見つかった初期人類の足跡化石が約600万年前のものであるという報告も出ています

　現在、地球上に生息している私たちは、ホモ・サピエンスという単一の種です。化石記録に基づくと、ホモ・サピエンスが出現したのは約20万年前とされていました。ただ最近になって、モロッコから発見された化石が約35〜30万年前のものであるという論文が発表されました。一方、過去には別種の人類（同じホモ属ではある）も地球上に生息しており、有名な「ネアンデルタール人」は、ホモ・ネアンデルターレンシスという種です。現在は絶滅していますが、地球上に2種の人類が同時に生息していた時代もあったことがわかっています。

　そんな第四紀の気候変動と人類の文明とは密接に関係しているようです。例えば、中国の長江（揚子江）流域において、約7500〜4200年前（これまでたくさん出てきた「万年前」でないことに注意）に世界最古の稲作を中心とした長江文明が栄えましたが、この長江文明が廃れてしまった要因はよくわかっていませんでした。ところが、東シナ海底で採取した堆積物コア中に含まれるアルケノン（海水温の指標となる化合物）を分析したところ、約4400〜3800年前の間に複数回の急激な寒冷化が発生していたことが明らかになりました。この寒冷化によって、稲作が大打撃を受けたのかもしれません。

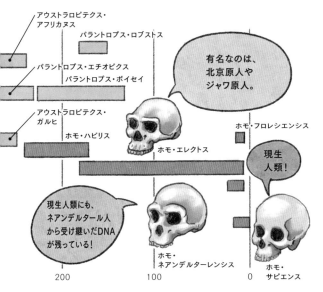

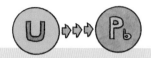

千葉に由来する地質年代「チバニアン」

　2020年1月17日、日本の地名に由来する地質年代が誕生しました。研究の中心となったのが、千葉県市原市に分布する一見何の変哲もない地層で、関係者の間では「千葉セクション」と呼ばれています。

　現在の地球では、方位磁石はN極が北を指し、S極が南を指します。これは、地球が北極＝S極、南極＝N極という大きな磁石になっているからです。岩石や地層中に保存された地磁気の記録を調べると、この磁石の向きが過去に何度も入れ替わっていたことがわかりました（＝地磁気逆転）。

　この現象は世界規模で同時に起こるので、約77万年前の地磁気逆転を時代境界の基準にすることは既に決まっていました。ただし、それを定義するには、特定の地層を模式地として指定する必要がありました。泥岩が主体の千葉セクションですが、火山灰層に含まれるジルコン粒子による放射年代測定を通じて、火山灰が降ってきた年代（≒地磁気逆転が起こった年代）が推定されました。さらに、海洋プランクトンの化石や海洋無脊椎動物による生痕化石などを観察することで、当時の地球環境に関する良好なデータを揃えることができました。

　こうして千葉セクションは、前期更新世と中期更新世の境界を定義する国際境界模式地として、国際地質科学連合により正式に認定されたのです。その結果、それまで「中期中新世」と呼ばれていた地質年代が「チバニアン」と名付けられました。

Chapter 4

化石から
読み解く
地球環境

36

地球の年齢は
どうしてわかる？

　本書では、たびたび地質年代の話題が登場します。最も古いのは、冥王代と呼ばれる時代です。冥王代の開始時期は約 46 億年前とされ、これは地球は約 46 億歳だということを意味しているのですが、そもそも地球の年齢はどうしてわかるのでしょうか？

　地球の年齢を推定しようという試みは、人類史の中で多くの学者が様々な方法で取り組んできました。その昔、キリスト教においては、旧約聖書の記載内容に基づいて約 6000 年前とされていました。近代科学の発展とともに、地球の年齢は 6000 歳よりもだいぶ長いのではないかと考えられるようになってきました。例えば、19 世紀の科学者ウィリアム・トムソン（絶対温度の単位の由来となったケルヴィン卿として著名な人物）は、「火の玉」状態であった地球が徐々に冷却されたという仮定の下で熱伝導率から計算した結果、その年齢は数千万歳以下だと推定しました。ただし、当時の地質学者の中では、地層や化石の状態を考えるとこれでも短すぎるだろうという見解が主流でした。この時代にはまだ地球内部にも熱源があることは想定されていなかったため、熱伝導だけで冷却年代を計算した結果、そのような値になってしまっていたのです。

　現在の地球が約 46 億歳であるという学説の根拠は、放射壊変という現象を利用した放射年代測定によるものです。地球に現存する鉱物の中で最古級のものは、約 44 億年前の年代値を持つジルコンが知られています。そのため、地球の年齢はそれよりも古いと想定できます。もう 1 つの証拠は、隕石の年代値データです。太陽系はすべて同じ材料からできたので、地球も隕石も原材料は同じです。地球の場合は、その後の地殻変動などにより太陽系形成当時と同じ状態のものはほぼ現存していま

せんが、一部の隕石は形成当時の情報をそのまま保持しています。これまでに得られた太陽系物質の中で最古の年代値は約45億6740万年前であり、この値が地球の年齢とほぼ等しいと考えられています。ただし、地球形成プロセスのどの時点を「地球の始まり」とするかによっても年齢は変わってくるので、実際の議論はより複雑です。

▶ 地球の年齢を推定する

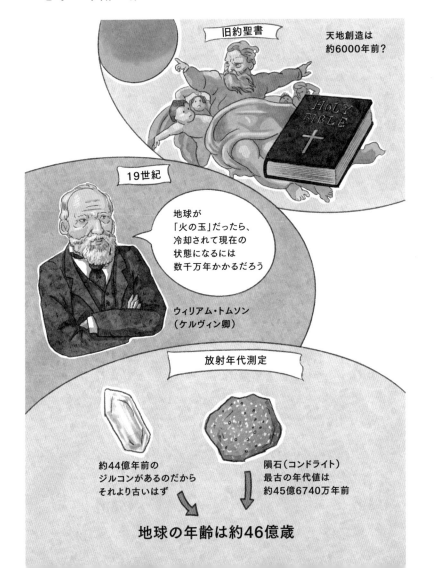

旧約聖書

天地創造は
約6000年前?

HOLY BIBLE

19世紀

地球が
「火の玉」だったら、
冷却されて現在の
状態になるには
数千万年かかるだろう

ウィリアム・トムソン
(ケルヴィン卿)

放射年代測定

約44億年前の
ジルコンがあるのだから
それより古いはず

隕石(コンドライト)
最古の年代値は
約45億6740万年前

地球の年齢は約46億歳

気候変動のヒント

　地球の気候は、時間とともに変化してきました。現在の状態が「基準」であるわけでも「普通」であるわけでもありません。今よりもずっと温暖だった時代もありますし、反対に、ずっと寒冷だった時代もあることがわかっています。それでは、過去の気候状態やその変動について、どのようにしたらわかるのでしょうか？　当時の大気や海水がそのまま残されているようなケースは、ごく一部の例外を除き、ほとんどありません。その代わりに、代理指標と呼ばれる間接的な指標を用いています。代理指標とは、ある種の地層や化石の特性が過去の環境に関する情報を保持している場合、そのような特性を分析して得られる値のことをいいます。

　ここでは、海水温の代理指標を考えてみましょう。有孔虫や二枚貝、サンゴといった化石は、過去の海水温に関する情報を保持しています。これらは炭酸塩鉱物を主成分とする骨格や殻を持っており、そこに含まれる酸素同位体比や特定の元素含有量比は、周囲の海水温に応じて異なる値を示します。例えば、有孔虫殻の場合はマグネシウムとカルシウムの比率、サンゴ骨格の場合はストロンチウムとカルシウムの比率を測定することで、その地層が形成された当時の海水温を推定できるのです。

　では、これをもう一歩発展させて、酸素同位体比や特定の元素含有量比から得られたデータを、時系列順に分析していくと何がわかるでしょうか？　そう、過去の海水温の時間変化パターンを推定できるのです！

▶ 過去の海水温の代理指標

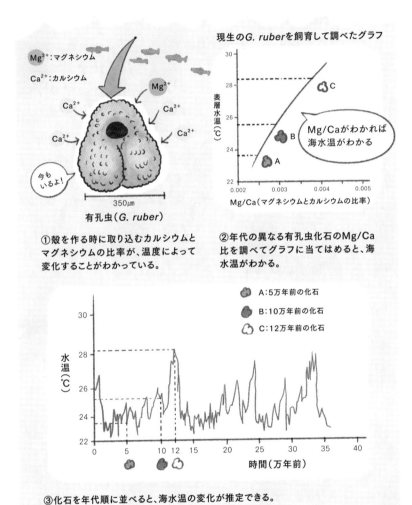

現生のG. ruberを飼育して調べたグラフ

Mg²⁺:マグネシウム

Ca²⁺:カルシウム

今も
いるよ!

350μm

有孔虫(G. ruber)

Mg/Caがわかれば
海水温がわかる

①殻を作る時に取り込むカルシウムと
マグネシウムの比率が、温度によって
変化することがわかっている。

②年代の異なる有孔虫化石のMg/Ca
比を調べてグラフに当てはめると、海
水温がわかる。

A:5万年前の化石
B:10万年前の化石
C:12万年前の化石

③化石を年代順に並べると、海水温の変化が推定できる。

太古のCO₂測定器

　大気中の二酸化炭素濃度も、化石の分析に基づく代理指標から読み解くことができます。その際に注目するのは、植物の葉の化石です。多くの陸上植物の葉には、気孔と呼ばれるガス交換を担っている構造があります。気孔密度（ある面積あたりに何個の気孔が含まれるか）は植物の種類によって異なりますが、いくつかの植物について二酸化炭素濃度を変えて育てたところ、興味深い関係性が見つかりました。それは、「二酸化炭素濃度が高いほど気孔の密度が小さくなる」ということです。

　気孔は、光合成に必要となる二酸化炭素を大気から吸収する役割と、蒸散作用で水分を放出する役割を備えています。気孔密度が小さいということは、蒸散作用で失う水分量は減らせるものの、大気から取り込むことのできる二酸化炭素量も減ってしまいます。このように利益と不利益の側面があるのですが、大気中の二酸化炭素濃度が高い場合には、気孔密度が小さくても、大気から十分な量の二酸化炭素を取り込むことができます。

　このような気孔密度と二酸化炭素濃度の関係性は、おそらく過去の植物についても同様に成り立っていたものと考えられます。したがって、地層中から産出する葉の化石を丹念に観察して、気孔密度を測定することができれば、その地層が形成された当時の大気中に存在した二酸化炭素濃度を知ることが可能になるのです。そして、気孔密度のデータを時系列順に分析していくと、過去の大気中の二酸化炭素濃度の時間変化パターンを推定できるのです！　ただし、植物の葉の気孔密度が実際どのようにして決定されるのかというメカニズムについては、現在も様々なアプローチで研究がなされています。

▶ 二酸化炭素濃度と気孔密度の関係

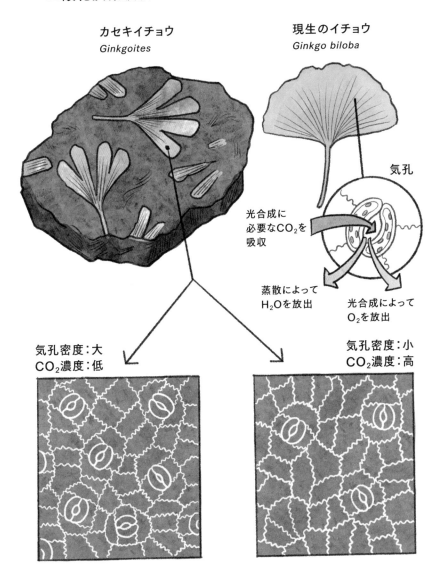

カセキイチョウ
Ginkgoites

現生のイチョウ
Ginkgo biloba

気孔

光合成に
必要なCO_2を
吸収

蒸散によって
H_2Oを放出

光合成によって
O_2を放出

気孔密度：大
CO_2濃度：低

気孔密度：小
CO_2濃度：高

大陸配置の謎に迫る

　世界地図は、誰もが一度は見たことがあるでしょう。これは実は「不変のもの」ではなく、地質学的な時間スケールで見ると、大陸と海洋の配置は変化しています。なぜなら、1年間で数cm程度という非常にゆっくりとした速度ではありますが、地球の表面を覆っている硬くて巨大な岩盤（プレート）が移動しているためです。大陸を乗せているプレートが移動したり、海底で新しいプレートが生まれたりすると、それらの配置は変わっていきます。例えば、ユーラシア大陸の一部であるインドは現在北半球に位置していますが、かつては南半球にあったと推定されています。それだけでなく、過去にはすべての大陸が1か所に集合した巨大な大陸（超大陸）が存在していたということもわかっています。

　このような超大陸は、数億年周期で形成と分裂を繰り返しているようです。最も「直近」に形成された超大陸はパンゲアと呼ばれており、約3億〜2億年前にかけて地球上に存在していたことがわかっています。果たして、このような超大陸の存在はどのようにしてわかったのでしょうか？

　過去の地球上に超大陸パンゲアが存在していたことを示す証拠の1つに、化石の記録があります。例えば、リストロサウルスという古生物の化石が有名です。リストロサウルスは、今から約2億5000万年前（三畳紀前期）に生息していた脊椎動物で、その化石は南アフリカ・インド・南極・ヨーロッパ・ロシア・中国など、広範囲から発見されています。陸上動物であるリストロサウルスは、海を渡って別の大陸に移動することはできないはずです。現在の化石分布を説明するには、リストロサウルスが生息していた当時はあらゆる大陸が陸続きになっていなければならない、すなわち、超大陸が存在していたと見なすのが妥当でしょう。

リストロサウルス

　このように、化石の研究から過去の大陸配置の謎というダイナミック
な現象に迫ることもできます。つまり、化石から過去の地理情報（古地
理）を推定することが可能になるのです。

40

化石から読み解く地球環境

海水準変動

　今から約3万年前、日本の地にはマンモスとナウマンゾウが生息していたことが知られています。国内のマンモス化石の大半は北海道で見つかったもので、日本での生息年代は約4.5万〜2.3万年前頃と考えられています。一方のナウマンゾウ化石については、北海道も含み国内から多数発見されており、約43万年前頃に大陸から日本の地に渡来してきたと考えられています。現在の日本には野生のゾウは生息しておらず、また日本は島国（列島）であり大陸と陸続きになっていません。かれらは一体、どのようにして日本の地にやってきたのでしょうか？

　ヒントは、海水準変動（海面変動とも呼ばれます）です。海面の平均的な高さ（海水準）は一定ではなく、地質年代を通じて様々な要因によって変化してきたことが知られています。海水準が上がれば海岸線の位置は陸側に移動し（＝海進）、海水準が下がれば海岸線の位置は海側に移動します（＝海退）。マンモスやナウマンゾウなど、ユーラシア大陸に生息していた大型の陸上動物が日本の地にやってくることができたのは、海水準が下がって大陸と陸続きになった時期があったからなのです。北海道と樺太の間にある宗谷海峡（水深約55 m）と、九州と朝鮮半島の間にある対馬海峡（水深約130 m）は、第四紀の中で海水準が低かった時期には陸橋となっていたと考えられています。マンモスは樺太から北海道まで南下して、ナウマンゾウは朝鮮半島から日本に入って北上したのでしょう。

　それでは、このような過去の海水準変動はどのようにして推定されるのでしょうか？　実はここでも、化石が大活躍するのです。例えば、海面付近に限って生息している海洋生物の化石として、サンゴ礁を作る造礁サンゴを見てみましょう。大規模なサンゴ礁が広がる熱帯域の海で、

現在は水深Ｙｍの海底に沈んでいるサンゴ化石を採集し、そこからＸ年前という値を得たとします。この場合、Ｘ年前の海水準は現在よりもＹｍ低かったということがわかるわけです。逆に、サンゴ化石が陸上に露出している場合には、現在よりも海水準が高かったことを示唆しています。

▶ **日本の地にやってきたマンモスとナウマンゾウ**

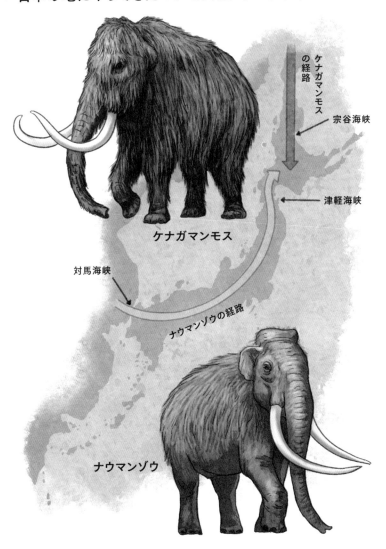

ケナガマンモスの経路

宗谷海峡

津軽海峡

ケナガマンモス

対馬海峡

ナウマンゾウの経路

ナウマンゾウ

貝殻の「年輪」

　私たちは、過去の自分を振り返る時に、月〜年スケールで考えること
が普通です。しかし、地球の歴史となるとそうもいきません。歴史が長
いということは、年代測定の誤差も無視できないということです。仮に
今から1億年前という年代値が得られたとしても、1％の測定誤差（100
万年）があるとすると、より正確には1億100万〜9900万年前のい
ずれかの時期、ということになります。過去の地球環境を推定する際に
は、特に古い時代になればなるほど時間の「分解能」は悪くなるのです。
しかし、中にはなんと、月〜年スケールといった高い時間分解能で推定
可能な試料があります。具体的には、樹木年輪や湖底堆積物に形成され
た年縞などです。ここでは、二枚貝の殻に見られる成長線を例に考えて
みましょう。

　二枚貝の殻の表面や断面を観察すると、細かい縞模様が見られます。
これらは成長線と呼ばれます。1本1本の線は濃いものもあれば薄いも
のもありますが、これらの中で特に濃い成長線は「年輪」であることが
多いです。したがって、殻の腹縁部から殻頂側に向かって成長線を数え
ていけば、その貝の年齢がわかります。日本からは、ビノスガイという
浅海底に棲む二枚貝のうち、100歳を超える長寿の個体も見つかってい
ます。

　興味深いのは、こうした二枚貝の年輪幅を計測したり、年輪部分の化
学成分を分析したりすることで、過去の地球環境やその変化を推定でき
ることです。例えば、二枚貝の殻における酸素同位体比は、海水温の指
標になります。したがって、年輪1本1本について酸素同位体比を測定
することができれば、100歳のビノスガイの場合、過去100年分の海
水温の変動パターンを推定できるのです。さらに、年輪と年輪の間にお

▶ 二枚貝の殻に見られる「年輪」

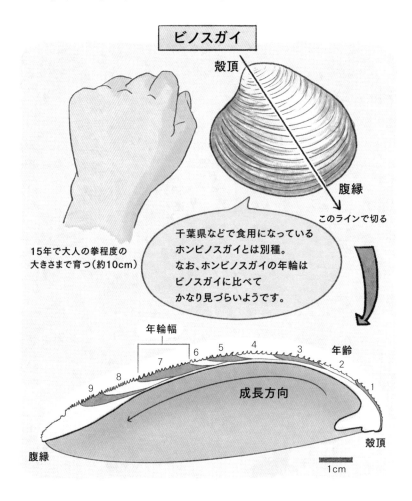

ビノスガイ

殻頂

腹縁

このラインで切る

15年で大人の拳程度の
大きさまで育つ（約10cm）

千葉県などで食用になっている
ホンビノスガイとは別種。
なお、ホンビノスガイの年輪は
ビノスガイに比べて
かなり見づらいようです。

年輪幅

年齢

成長方向

腹縁

殻頂

1cm

ける酸素同位体比を詳細に測定できたのなら、ある年の海水温の季節変
動を推定することさえ可能になります。このように月〜年スケールで過
去の地球環境を推定できることは、古生物学の研究では大きな利点にな
ります。

化石燃料のできかた

　私たちの生活に不可欠な化石燃料ですが、なぜ「化石」燃料と呼ぶのでしょうか？　その代表格である石油と石炭は、一体どこからやってきたのでしょうか？

　石油とは、炭化水素と呼ばれる炭素と水素の化合物を主成分とする有機分子の集合体です。実は、石油の元となったのは、太古のプランクトンの遺骸です。海洋表層に生息していたプランクトンは死後、水中を沈降して海底へ到達します。砂や泥の堆積作用に伴って海底下に埋没していくと、遺骸は微生物によって分解され、ケロジェンと呼ばれる有機物に変化します。さらに長い時間をかけて海底下深部に埋没していくと、地熱の影響でケロジェンが分解され（＝熱分解）、その過程で石油が生成されるのです。ちなみに、液体のイメージが強い石油ですが、分子量などの違いにより気体（天然ガス、あるいはガス）となることもあります。石油とプランクトンとはまったく異なるように感じますが、石油の中にはポルフィリン系化合物など生物由来の化合物が含まれることが知られています。ただし、化石燃料という呼称は一般的に使用されますが、元となる生物起源の有機物が相当に変質したものなので、石油そのものは分子化石には含まないことが多いようです。

　石炭も生物起源の物質で、陸上植物の遺骸に由来します。湿地などにおいて植物遺骸が積み重なると泥炭層が形成され、地下深くに埋没していきます。泥炭層は地熱と圧力によって長い時間をかけて変質し、徐々に石炭化します。なお、石炭の多くは石炭紀の地層に含まれています。デボン紀からシダ植物は大型化し、特に石炭紀になると陸上に大規模な森林が形成されていたと考えられています。さらに、シダ植物の木質部に多く含まれるリグニンを分解できる微生物がこの時期には出現してお

らず、植物遺骸が分解されにくく泥炭が形成されやすい環境にあり、石炭化したというわけです。ただし、石炭紀以外にも石炭は形成されています。実際には植物遺骸が分解されにくい条件が整って、その後十分に変質が進めば、石炭が形成されることになるのでしょう。

▶ 石油と石炭のできかた

〈石油〉

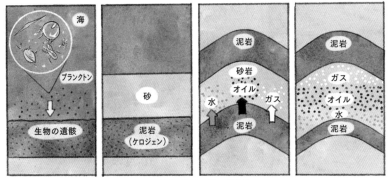

プランクトンなどの遺骸が分解や化学変化を被り、長い時間をかけて石油が生成されます。常温で液体のものをオイル、気体のものをガスと呼ぶこともあります。それらが地下で移動して貯留される時、水→オイル→ガスの順で層構造ができます。

〈石炭〉

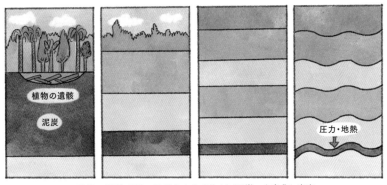

圧力と地熱により、植物の遺骸が長い時間をかけて徐々に石炭へと変化します。

43

近すぎて見えない化石

　石油などの化石燃料は、私たちの身近にあるものの、その正体を普段はほとんど意識しないので、「近すぎて見えない化石」といえるでしょう。ここでは、そんな化石をさらに紹介していきます。

　突然ではありますが、吸水性の高いバスマットの代表格といえば、珪藻土です。珪藻土とは、植物プランクトンである珪藻の殻の化石を主成分とする堆積物です。珪藻の殻には微小な孔がたくさんあいているため、水分を素早く吸水することができます。自宅で珪藻土のバスマットを使っているという人は、お風呂のたびに珪藻の化石を踏んで出入りしているということになります。もちろん、普段からそれを意識している人はほとんどいないでしょう。だからこそ、珪藻土も「近すぎて見えない化石」といえます。珪藻土を用いた身近な製品は他にもあり、例えばグラス用のコースターや建物の塗り壁材なども挙げられます。

　そんな珪藻ですが、過去の地球環境を推定する上でも大変重要な化石なのです。特に、新生代における沿岸域の古環境を推定する際には、珪藻化石がしばしば用いられます。例えば、堆積物や地層中に含まれる珪藻化石に基づき、過去の海水塩分濃度や海水準変動が推定されています。また、2011年3月11日の東北地方太平洋沖地震による大津波が発生して以来、津波によって形成される堆積物（津波堆積物）が注目されています。津波に伴い、沿岸域の海底堆積物が陸上に運搬されて堆積します。すると、陸上に形成された津波堆積物の層には、珪藻の殻など海由来の成分が特異的に含まれることになります。このような関係性に注目して、陸上でできた地層に見られる特定の層が津波堆積物かどうかを判断する際の根拠の1つとして、珪藻化石の有無が基準となることもあるのです。

▶ 身の回りにある珪藻化石

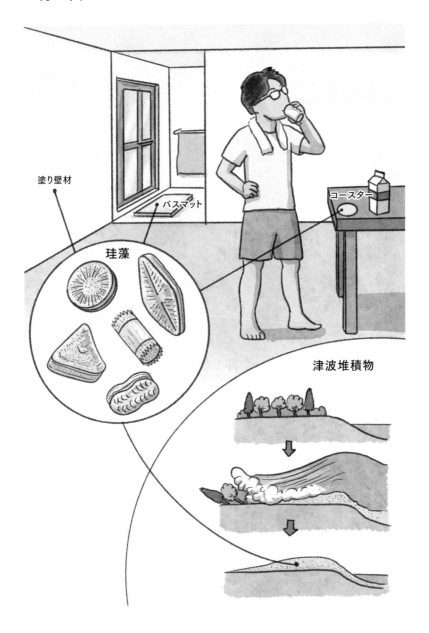

塗り壁材

バスマット

コースター

珪藻

津波堆積物

名探偵バイオマーカー

　ここまでは、有孔虫やサンゴ、葉、貝殻など、体化石に注目して過去の地球環境を明らかにしてきました。しかし、体化石だけがそうした情報を保持しているわけではありません。生痕化石や分子化石も、古環境情報の宝庫です。ここでは、分子化石から読み解く地球環境について紹介しましょう。

　分子化石とは、堆積物や地層中に含まれる生物起源の有機化合物の総称で、バイオマーカーと呼ばれることもあります。バイオマーカーの種類は多様で、地層中のバイオマーカー分析を主とする研究分野を有機地球化学といいます。

　代表的なバイオマーカーの１つとして、アルケノンが挙げられます。アルケノンとは、ごく一部のハプト藻のみが合成できる有機化合物です。ハプト藻は主に海洋に生息する植物プランクトンで、陸から離れた外洋域では主要な一次生産者（光合成を行い有機物を生産する生物）となっています。中でも、細胞表面に炭酸カルシウムの殻を持つグループは円石藻（えん）（せきそう）と呼ばれ、化石としても保存されます。このハプト藻に由来する有機化合物であるアルケノンを分析することで、過去の海水温を推定できるのです。

　なぜなら、アルケノンの化学的特性がハプト藻の生息水温とよく相関しているという培養実験の結果から、堆積物中に保存されたアルケノンを手がかりにして、過去にハプト藻が生息していた表層海水温の値を導くことができるからです。アルケノンを過去の海水温の指標とできるのは新生代後半の堆積物に限られるものの、直接入手することのできない「過去の海水」について知る手がかりとなり、今日（こんにち）の研究でも大活躍しています。

生物の形（の一部）がそのまま保存される体化石ではなく、地層や堆積物の中に残された有機化合物の証拠（化学的な痕跡）を頼りに、過去の海水温や塩分濃度、有機物生産量などを推定できるということで、バイオマーカーはまさに名探偵さながらの強力な研究ツールです。

ウェーブリップル

　化石という言葉は、本来の意味から少し拡張して、何かの代名詞的に使用される場合があります。例えば、断層を「地震の化石」と呼ぶことがあります。それは、断層に沿って岩石がずれ動くことが地震発生の要因だからです。大地の震動（地震動）そのものは一定時間経過すると収まりますが、ずれ動いた断層は岩石中に保存されるため、断層を地震の「痕跡」と見なしているのです。

　ウェーブリップルと呼ばれる「波の化石」があります。ウェーブリップルとは、波によって海底の砂に形作られる特徴的な模様のことです。波が発生すると、海水が行ったり来たりするため、それを反映して、海底の砂には左右対称のさざ波模様ができるのです。このようなウェーブリップルは、現在では水深約6〜20ｍ程のごく浅い海底の堆積物でよく見られますが、実は地層中からも見つかることがあります。ウェーブリップルが見つかった場合、その地層が形成された環境はごく浅い海底だと推定できます。これは当たり前のことのように感じるかもしれませんが、その「当たり前」を知ることが大変重要なのです。多くの地層は海底で形成されたものですが、ひと口に海底といっても、浅海底と深海底では環境が大きく異なり、地層を研究するに当たっては「どのような海底でできた地層なのか？」を考えることが重要になります。「波の化石」であるウェーブリップルは、いったん見つけることができれば、波の影響が海底に及ぶような極めて浅い海底で形成された地層であることを示す強力な証拠となります。

　一方で、海底を這い回ったり砂に潜って生活するような生物がいると、ウェーブリップルは乱されて地層中に保存されにくくなってしまいます。その代わり、巣穴などの生痕化石が残される確率が高くなります。

ウェーブリップルの形成

リップルのことを、日本語では漣痕と呼ぶこともあります。ただしリップルには、ここで紹介したウェーブリップルだけでなく、一方向流によって形成されるカレントリップルなど他の種類も存在するので、注意が必要です。

MEMO

「波の化石」
化石漣痕

ウェーブリップル

水の流れ

砂の動き

水の流れ

砂の動き

捕食痕が意味すること

　二枚貝や巻貝の化石を見ていると、殻に小さな丸い穴があいている場合があります。この穴は、別の肉食性の巻貝によって食べられてしまった証拠です。すなわち、肉食性巻貝の捕食痕（捕食行動の痕跡）であり、生痕化石の一種です。ちなみに、こうした肉食性巻貝は現在も生息しており、海岸に落ちている化石ではない貝殻にも捕食痕が残されている場合があります。

　このような捕食痕は、実はアンモナイトにも見られます。ただし、アンモナイトのそれはもう少し痛々しい感じ（？）で、殻が大きく欠損しています。気になるのは、どのような生物がアンモナイトを襲って食べたのかという点です。そのためには、複数の状況証拠から捕食者候補を推測しなければなりません。例えば、ジュラ紀や白亜紀の地層から産出したアンモナイト化石では、一定の頻度で殻に捕食痕が残されています。アンモナイトは海洋生物なので、当時の海にどのような古生物が生息していたのかを考えることがヒントになりそうです。真っ先に思いつくのは、モササウルスや首長竜など海棲爬虫類です。しかし、そうした大型の生物が捕食者だったのなら、アンモナイトは噛み砕かれて殻がバラバラになってしまうか、あるいは殻ごと丸飲みされてしまいそうな気がします。その場合、ここで見られるような捕食痕は残りません。もっと小型の生物、おそらくは肉食性の魚類や他の頭足類が、アンモナイトを後ろから攻撃して殻を破壊し、中の肉の部分を食べてしまったのでしょう。

　このように、捕食痕からは過去の捕食−被食関係を窺い知ることができます。捕食痕を研究することにより、過去の生物間相互作用の様子を明らかにすることができるのです。

▶ 捕食痕をつけたのは誰？

アンモナイトを
食べたのは
肉食魚類？
他の頭足類？

モササウルスや
首長竜なら
バラバラになる、
もしくは丸飲みされる？

現生生物だとツメタガイやイボニシなどが貝を捕食して殻に穴をあける

おうちは巨大生物遺骸

　大型の海棲哺乳類であるクジラは死後、非常にユニークな生態系を作る場合があります。鯨骨生物群集（あるいは鯨骨群集）と呼ばれるものです。深海底に沈降したクジラの遺骸は、まずサメ類やヌタウナギなど腐肉食者によって筋肉や内臓、脂肪を食べつくされます。その後は骨だけが残りますが、なんと骨の中にも有機物が含まれており、骨中有機物を食べるホネクイハナムシなどの生物が現れます。それだけでなく、骨中有機物は微生物によって徐々に分解され、その過程で硫化水素と呼ばれる化学物質が発生します。硫化水素は、多くの生物にとっては有毒物質ですが、深海底の一部の環境では、そんな硫化水素をエネルギー源として有機物を合成する特殊な微生物（化学合成微生物）が存在します。

　さて、クジラの遺骸の周りで硫化水素が発生するようになると、化学合成微生物を体内や体表に共生させているシロウリガイ類などの生物が密集して生息するようになります。このような生態系は極めて特殊で興味深いのですが、自然界で初めて発見されたのは1987年と比較的最近で、今後の研究が期待されます。

　鯨類の祖先は、始新世に海洋に進出したと考えられています。したがって、それ以前には鯨骨生物群集は存在していなかったはずです。ただし、理屈上は鯨類でなくても、巨大な海洋生物の遺骸が深海底に沈降しさえすれば、同様の生態系ができるはずです。実際に、より古い時代の地層からは、首長竜やウミガメの周辺から化学合成微生物を共生させていたと考えられる貝類の化石が見つかった事例もあります。このように、鯨類でなく爬虫類の遺骸を起点にする場合は、竜骨生物群集（あるいは竜骨群集）と呼ばれます。

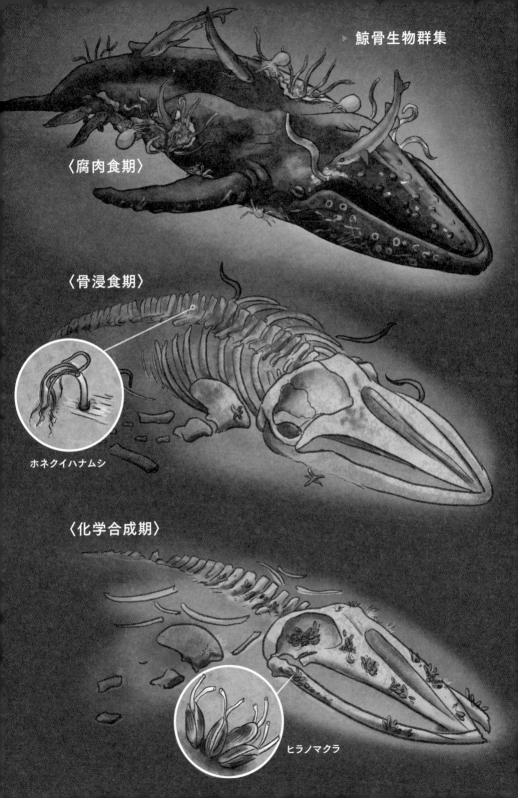

▶ 鯨骨生物群集

〈腐肉食期〉

〈骨浸食期〉

ホネクイハナムシ

〈化学合成期〉

ヒラノマクラ

変わり続ける恐竜像

　恐竜の姿や生態については、この数十年間で大きく研究が進展してきました。図鑑に描かれている生体復元図も、最近では以前とは驚くほどイメージが変わっていることもめずらしくありません。喜ばしいことに、昨今では恐竜研究に携わる日本人研究者も増えてきており、独創的な研究成果がどんどん出てきています。ここでは、最近の研究で明らかになった、恐竜の営巣方法についてご紹介します。

　恐竜の研究というと、大規模な発掘調査や骨化石の CT スキャンなどのイメージが強いかもしれませんが、この研究では恐竜の卵化石が含まれている堆積物を網羅的に調べるという、目から鱗の手法を採用しました。その結果、卵化石が砂岩と泥岩それぞれから見つかるパターンがあり、それによって営巣方法が異なることがわかりました。砂質堆積物中に産卵された卵は、太陽光熱や地熱を利用して温められ、泥質堆積物中に産卵された卵は、植物の発酵熱を利用して温められていたと推定されます。

　さらに興味深いのは、抱卵していたことで知られるオヴィラプトロサ

▶ **恐竜のいろいろな
営巣方法**

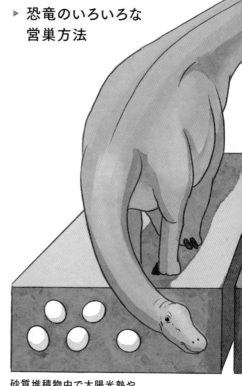

砂質堆積物中で太陽光熱や
地熱を利用して温める

ウルス類やトロオドン類の巣の化石は、砂岩と泥岩から同程度の割合で発見されることがわかったのです。このことは、親が卵を温めるタイプの恐竜は、砂や泥の違いに関係なく様々な地面で営巣したことを反映していると考えられています。

　また、このような恐竜の営巣方法は、恐竜の地理的分布と関係している可能性があります。地熱や植物の発酵熱、抱卵熱は北極圏などの寒冷な地域でも利用可能ですが、太陽光熱を利用した営巣方法は暖かい地域に限られるため、そうした恐竜の分布は中低緯度域に制限されてしまったことでしょう。恐竜の卵や巣の化石はこれまであまり注目されてこなかったものですが、謎に包まれていた恐竜の営巣方法の一面が明らかになってきました。今後の恐竜研究では注目株の１つになるかもしれません。

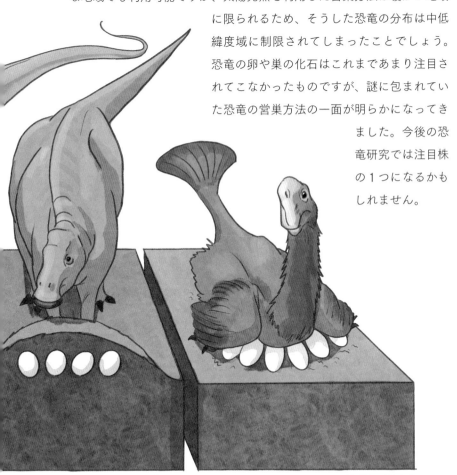

泥質堆積物中で植物の
発酵熱を利用して温める

抱卵して温める

恐竜のウンチ化石から
驚きの発見①

　カナダ・アルバータ州にある白亜紀末の地層から、太さ約 20 cm、長さ約 60 cm という、超巨大サイズのウンチ化石が発見されました。地層形成当時の時代背景とその大きさから、このウンチ化石はティラノサウルス類のものと考えられています。ウンチと聞いて侮ることなかれ、それは局所的かつ特殊な環境を保存した立派な生痕化石なのです。そして、このウンチ化石の薄片（岩石や化石のプレパラート）を顕微鏡で観察してみると、驚くべきことに獲物のものと思われる筋組織が残されていました。別の地層からもティラノサウルス類のものと考えられるウンチ化石は見つかっており、獲物の骨の破片が含まれていることはあるようですが、筋組織が残されているというのは極めて保存状態の良い事例です。

　筋肉のような軟組織は、骨や歯、殻などの硬組織とは異なり、分解に対する耐性が非常に低いです。つまり、軟組織は微生物によってすぐに分解されてしまい、通常であれば化石としては残ることはありません。しかし、例えば周囲の酸素濃度が極端に低いといった条件では、微生物の活動が抑制されるので、結果的に筋肉などの軟組織の分解が進まず、化石として保存される場合があるようです。

　ティラノサウルス類のものと考えられるこの超巨大ウンチの内部では、このような「酸欠状態」になっていた可能性があります。見方を変えれば外部環境から隔離された閉鎖空間であるので、ウンチの中では独自の環境が局所的に成立していたものと考えられます。この超巨大ウンチ化石は、ウンチの中に残っていた獲物の筋組織が完全に分解される前に、ウンチ自体が鉱物に置換されて化石化したものと考えられます。

▶ ウンチ化石に残された筋組織

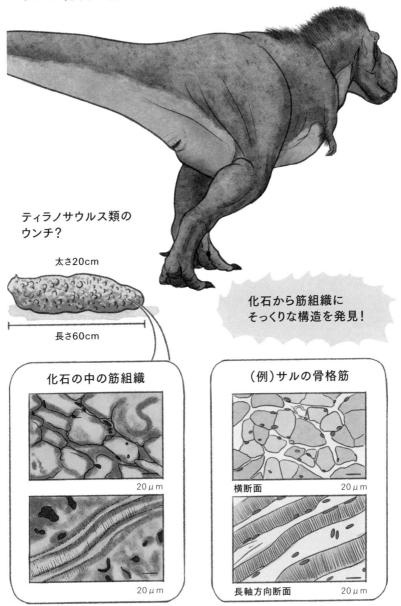

ティラノサウルス類の
ウンチ？

太さ20cm

長さ60cm

化石から筋組織に
そっくりな構造を発見！

化石の中の筋組織

20μm

20μm

（例）サルの骨格筋

横断面　　　　　20μm

長軸方向断面　　　　　20μm

恐竜のウンチ化石から
驚きの発見②

　次に、アメリカ・モンタナ州にある白亜紀後期の地層から産出した、植物食恐竜のものと考えられるウンチ化石をご紹介します。この化石の中から見つかったのは、他の動物による巣穴の化石です。つまり、ウンチが排泄された後に、別の動物がそのウンチの中に潜り込んだことによって形成されたと考えることができます。それでは、どのような動物が、何の目的でウンチの中に潜ったのでしょうか？

　この化石を研究した学術論文によると、ある種の昆虫が植物食恐竜のウンチを食べていたのではないかと推測されています。つまり、ある動物のウンチを別の動物が食べる（糞食）という、生物間相互作用の証拠が残されているウンチ化石なのです。生物にとっての「環境」とは、気温や水温などの物理・化学的な環境のみならず、自分以外のあらゆる生物も外部環境の１つになります。

　さて、他の動物のウンチを食べる昆虫は現在も知られており、糞虫と呼ばれます（フンコロガシの愛称で呼ばれる昆虫が代表格です）。白亜紀の植物食恐竜のウンチを食べていたのは、原始的な糞虫の仲間だと考えられています。ただし、現在の糞虫の大半は草食哺乳類のウンチを食べるのに対して、白亜紀に生息していた糞虫は植物食爬虫類（恐竜）のウンチを食べていたのです。

　陸上生態系において恐竜が大繁栄していた中生代には、哺乳類は恐竜の陰に隠れたマイナーな存在でした。しかし、恐竜が絶滅した後の新生代に急激に多様化し、一気に繁栄を遂げたのです。このような背景を考えると、中生代に生息していた原始的な糞虫は植物食恐竜のウンチだけを狙って食べていたというわけではなく、たまたまそれがその当時は入手しやすい餌資源だったということかもしれません。いずれにしろ、こ

こでご紹介したウンチ化石は、糞虫の仲間の進化を考える上でも重要な記録なのです。

▶ ウンチ化石に残された巣穴

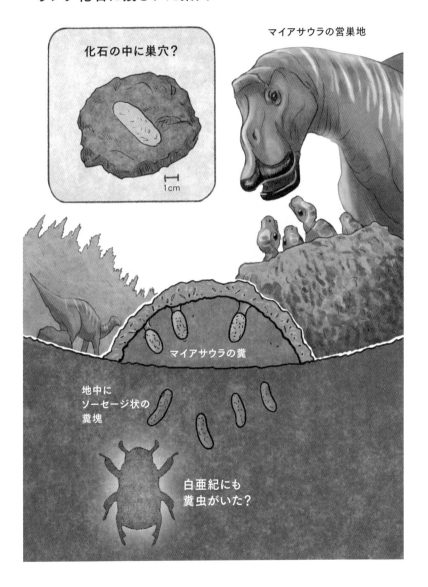

化石の中に巣穴？

1cm

マイアサウラの営巣地

マイアサウラの糞

地中に
ソーセージ状の
糞塊

白亜紀にも
糞虫がいた？

地球外にも
化石はある？

　肉眼では見ることができない小さな微生物は、日常生活で触れないことが不可能なくらい至る所に存在しています。そして、一見すると生物がとても存在できないだろうと思われる環境であっても生息していることがあります。このような生物を極限環境微生物と呼びます。こうした微生物は、生命誕生のごく初期段階から地球上に生息していたと考えられており、初期生命進化を知る上でも非常に重要な研究対象になっています。

　例えば、海底下に存在する1億年前にできた地層の中や、さらに深部にある玄武岩の割れ目に埋まった粘土鉱物にも、微生物の生存が確認されています。また、水中の玄武岩に含まれる火山ガラスにおいても、ごく微小な割れ目に沿って水が流れ込んでおり、なんとそのような環境でも微生物が生息しています。水の通り道となっている微小な割れ目には、微生物の浸食によってコロニーが形成されるようです。コロニーが消滅した後には別の鉱物が充填される場合もありますが、その鉱物は地質学的に長期間にわたって保存される可能性があります。それはまさに微生物の活動に伴う生痕化石といえますが、こうした化石は約35億年前の岩石中からも見つかっています。

　重要なのは、そのような極限環境で生存する微生物やその生痕化石は、地球外生命の存在可能性を考える上でも欠かせないということです。例えば、火星にも玄武岩が確認されており、地下深部には液体の水が存在していることがわかってきたそうです。もし、火星から岩石サンプルを地球に持ち帰ることができたとして、そして、そのサンプルから地球で見られる微生物の生痕化石とよく似た構造が見つかったら……夢が広がるではありませんか！

▶ 極限環境微生物の発見

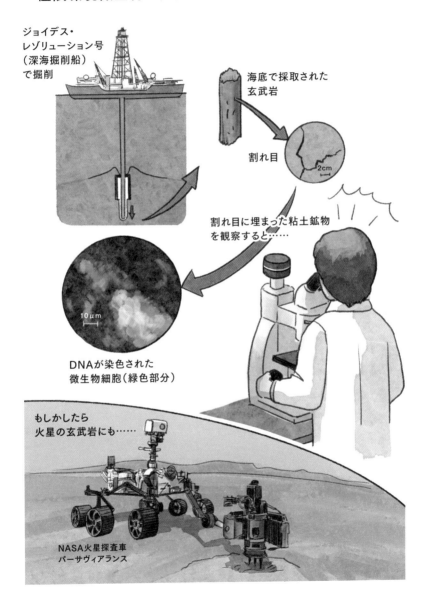

ジョイデス・
レゾリューション号
（深海掘削船）
で掘削

海底で採取された
玄武岩

割れ目

2cm

割れ目に埋まった粘土鉱物
を観察すると……

10μm

DNAが染色された
微生物細胞（緑色部分）

もしかしたら
火星の玄武岩にも……

NASA火星探査車
パーサヴィアランス

生痕学の父 レオナルド・ダ・ヴィンチ

　レオナルド・ダ・ヴィンチ（1452 ～ 1519）は、『モナ・リザ』や『最後の晩餐』などの芸術作品で知られる人物です。ただし、ダ・ヴィンチは芸術家としての才能だけではなく、数学・物理学・気象学・天文学・地質学・鉱物学といった様々な分野に顕著な影響を与えています。そして、なんと古生物学にも多大な貢献をしているのです。

　ここでは、生痕化石（の研究を含む生痕学）とダ・ヴィンチとの関係をご紹介します。ダ・ヴィンチは数多くの手稿を残していますが（鏡文字になっているのは有名な逸話ですね）、その中には化石のスケッチがいくつも描かれていたことが知られています。ほとんどは体化石ですが、一部に生痕化石のスケッチもあるのです。ダ・ヴィンチに描かれた光栄な（？）生痕化石はパレオディクチオンという種類のもので、地層面にメッシュを押し付けたかのような、まるで蜂の巣の断面のようにも見える幾何学的な模様が特徴の生痕化石です。さらに、『岩窟の聖母』や『糸車の聖母』といった芸術作品の中には、ある種の生痕に非常によく似た構造が地面の中に描かれていることも指摘されています。

　このように、ダ・ヴィンチは今から 500 年以上前に、既に生痕（および生痕化石）を成因も含めて正しく認識していたことがわかります。ダ・ヴィンチの功績は生痕学の研究史全体を通じても際立っており、彼を「生痕学の父」と評する見解もあるほどです。

Chapter 5

めざせ
古生物学者

古生物学者への道

　ここからは、どうすれば古生物学者になれるのかについて、その一般的な道のりを考えてみましょう。ただし、「古生物学者」という名称の職業があるわけではありません。研究所や博物館、大学といった研究・教育機関に勤務し、そこでの職務の1つとして古生物学の研究や教育に携わっているような人が、ここでいう古生物学者ということになります。そのためには、ほとんどの場合、大学院で古生物学に関する専門的な研究を行い、その研究成果を基に博士の学位を取得することが必要です。大学などでは、古生物学の研究に携わる人材の公募が定期的に出るので、条件が合えば応募して審査を通過することができれば、古生物学者としての職に就けたことになります。この応募段階の「パスポート」に相当するものが、博士の学位なのです。

　大学院で研究を行う場合、古生物学を専門とする教員の研究室に所属して、その指導を受けながら専門的な研究を進めていくことになります。日本国内にも、古生物学の研究ができる大学院がたくさんあります。大学院では、各々独自の研究テーマを設定して、主体的に研究に取り組むことになります。研究成果をまとめて博士論文を執筆し、学内外の複数の有識者（通常は5名）による厳正な審査を経て、論文が一定の基準に達していると判断されて初めて学位を取得できます。博士の学位を取得できるのは、多くの場合は最短で27歳です。4年制の大学を22歳で卒業したとして、その後に大学院に進学して2年間研究し（修士課程）、さらに3年間研究を深め（博士課程）、その集大成として博士論文を執筆するのです。

　このように、決して短くもなければ簡単でもない道のりであることは事実で、様々な要素が絡んでくるため「古生物学者になるための決まっ

た道筋」というのは存在しません。ただし、夢に向かってひたむきに努力して古生物学者となった人を何人も知っています。諦めずに努力し続ければ、きっと道は拓けることでしょう！

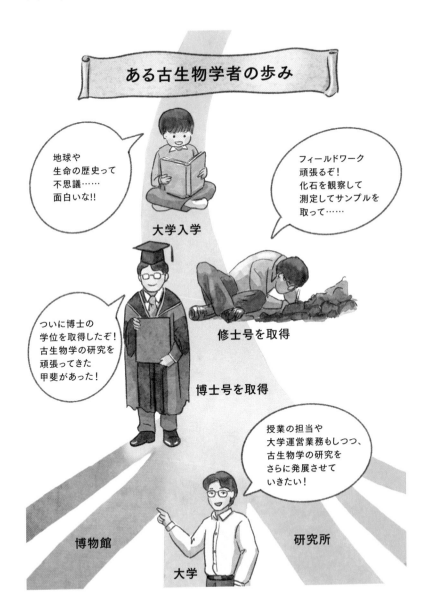

日本で見つかった化石

　古生物学者をめざす場合、実際に取り組む研究テーマは人それぞれ異なりますが、日本産の化石を主要な研究対象にすることが多いでしょう。研究サンプルとなる化石を収集するためには、その化石が産出する国内の地層で調査を行うのが一般的です。

　それでは、日本国内からはどのような化石が見つかっているのでしょうか？　実は47都道府県のすべてから、何らかの化石が産出されています。2016年5月10日、日本地質学会が「県の石」を選定しました。「県の石」は、一般の人々に大地の性質や成り立ちに関心を持ってもらうことを目指して、47各都道府県×岩石・鉱物・化石の3部門＝計141種類が選定されたものです。化石部門を見ると、北海道はアンモナイト、東京都はトウキョウホタテ（二枚貝）、福井県はフクイラプトル・キタダニエンシス（恐竜）といった具合です。

　ただし、ここで強調したいのは、「県の石」以外にも多様な化石が発見されているという点です。例えば、北海道ではアンモナイト以外にも恐竜や首長竜、デスモスチルス（新生代中新世の哺乳類）やイノセラムス（中生代の海棲二枚貝類）など、多くの化石が見つかっています。それらすべてが、その地域の大地の成り立ちや歴史を知る上で重要な化石なのです。

　各都道府県から見つかっている化石は、その地域の自然史博物館や郷土資料館などに展示されていることがあります。ぜひ、お近くの博物館を訪れてみてはいかがでしょうか。

▶ 県の石リスト （日本地質学会ホームページより）

	岩石	鉱物	化石
北海道	かんらん岩	砂白金	アンモナイト
青森県	錦石	菱マンガン鉱	アオモリムカシクジラウオ
岩手県	蛇紋岩	鉄鉱石	シルル紀サンゴ化石群
秋田県	硬質泥岩	黒鉱	ナウマンヤマモモ
宮城県	スレート	砂金	ウタツギョリュウ
山形県	デイサイト凝灰岩	ソロバン玉石	ヤマガタダイカイギュウ
福島県	片麻岩	ペグマタイト鉱物	フタバスズキリュウ
茨城県	花崗岩	リチア電気石	ステゴロフォドン
栃木県	大谷石	黄銅鉱	木の葉石
群馬県	鬼押出し溶岩	鶏冠石	ヤベオオツノジカ
埼玉県	片岩	スチルプノメレン	パレオパラドキシア
千葉県	房州石	千葉石	木下貝層の貝化石群
東京都	無人岩	単斜エンスタタイト	トウキョウホタテ
神奈川県	トーナル岩	湯河原沸石	丹沢層群のサンゴ化石群
新潟県	ひすい輝石岩	自然金	石炭紀-ペルム紀海生動物化石群
富山県	オニックスマーブル	十字石	八尾層群の中新世貝化石群
石川県	珪藻土	霰石	大桑層の前期更新世化石群
福井県	笏谷石	自形自然砒	フクイラプトル・キタダニエンシス
静岡県	赤岩	自然テルル	掛川層群の貝化石群
山梨県	玄武岩溶岩	日本式双晶水晶	富士川層群の後期中新世貝化石群
長野県	黒曜石	ざくろ石	ナウマンゾウ
岐阜県	チャート	ヘデン輝石	ペルム紀化石群
愛知県	松脂岩	カオリン	師崎層群の中期中新世海生化石群
三重県	熊野酸性岩類	辰砂	ミエゾウ
滋賀県	湖東流紋岩	トパーズ	古琵琶湖層群の足跡化石
京都府	鳴滝砥石	桜石	綴喜層群の中新世貝化石群
兵庫県	アルカリ玄武岩	黄銅鉱	丹波竜
大阪府	和泉石	ドーソン石	マチカネワニ
奈良県	玄武岩枕状溶岩	ざくろ石	前期更新世動物化石
和歌山県	珪長質火成岩類	サニディン	白亜紀動物化石群
香川県	讃岐石	珪線石	コダイアマモ
徳島県	青色片岩	紅れん石	プテロトリゴニア
高知県	花崗岩類	ストロナルシ石	シルル紀動物化石群
愛媛県	エクロジャイト	輝安鉱	イノセラムス
鳥取県	砂丘堆積物	クロム鉄鉱	中新世魚類化石群
島根県	来待石	自然銀	ミズホタコブネ
岡山県	万成石	ウラン鉱	成羽植物化石群
広島県	広島花崗岩	蝋石	アツガキ
山口県	石灰岩	銅鉱石	美祢層群の植物化石
福岡県	石炭	リチア雲母	脇野魚類化石群
佐賀県	陶石	緑柱石	唐津炭田の古第三紀化石群
長崎県	デイサイト溶岩	日本式双晶水晶	茂木植物化石群
大分県	黒曜石	斧石	更新世淡水魚化石群
熊本県	溶結凝灰岩	鱗珪石	白亜紀恐竜化石群
宮崎県	鬼の洗濯岩	ダンブリ石	シルル紀-デボン紀化石群
鹿児島県	シラス	金鉱石	白亜紀動物化石群
沖縄県	琉球石灰岩	リン鉱石	港川人

123

街中で見られる化石

　化石を発見できる場所は、発掘調査の現場だけではありません。日常生活の中でも、実は意外な場所で化石を見つけることができます。その代表格は、建造物の石材として使われている大理石です。大理石とは石材の名称で、古生物学を含む地球科学の分野では結晶質石灰岩という岩石名で呼ばれます。これは、石灰岩（炭酸カルシウムを主成分とする堆積岩）が高温のマグマと接触することで、岩石中の鉱物が再結晶して変成したものです。生物の骨格や殻が堆積することで形成された石灰岩の中には、二枚貝・サンゴ・ウミユリ・有孔虫・アンモナイト・ベレムナイトなど様々な化石が含まれることがあります。

　大理石は、ビルの外壁やデパートの階段、地下街の柱や床などの石材として使われています。そのため、街中で見られる石材をよくよく観察してみると、運が良ければ上記のような化石を見つけることができます。それらは、国内外の様々な場所から運搬されてきたものなので、自分たちが住む地域の地層からは見つからない化石を観察できるチャンスもあります。

　他にも、泥岩や粘板岩（泥岩がわずかに変成してできた岩石）の石材であれば、やはり化石を見つけることができるかもしれません。それらは過去の海底で形成されたものなので、硯や敷石、石橋などをよく見てみると、もしかしたら化石を発見できるかもしれません。ちなみに、著者は過去に、お寺の石碑（泥岩）の中から生痕化石を発見したことがあります。

街中で化石探し

大理石（結晶質石灰岩）が
使われている壁や柱

デパートの床や階段

お寺の石碑（泥岩）

発掘を体験してみよう

　古生物学に興味がある人であれば、やはり「屋外で化石を発掘してみたい」という思いを持っていると思います。古生物学者は、多くの場合、各々の研究テーマや目的に応じて、特定の場所に分布する地層で化石発掘の調査を継続的に行っています。日本全国の地質は非常に多様で、どこに行っても必ず化石発掘ができるというわけではありません。古生物学の専門知識のみならず、地層の分布状況といった地質学的な専門性も持ち合わせていなければ、目当ての化石が埋まっていそうな候補地を絞ることすらできません。

　ここまで聞くと、化石発掘というのは難易度の高いものと感じるかもしれません。ですが、心配ご無用です。日本国内には、化石発掘を体験できる博物館がいくつもあるのです。このような博物館では、近くに化石を含む地層が分布していることが多く、実際に露頭（地層が露出している場所）に出向くことができるのも魅力的です。

　博物館が主催する化石発掘体験では、その博物館に勤務する古生物学者や専門知識を持つガイドに指導してもらいながら、体験を楽しむことができます。場合によっては、発見した化石を持ち帰ることもできますし、化石観察学習会などがセットで開講されたりすることもあります。さらに、ハンマー・タガネ・保護メガネ・ヘルメットなど必要な用具も借りることができるので、安心・安全に体験できます。そして、運が良ければ、講師をしている古生物学者と直接交流できるかもしれません。「将来は古生物学者になりたい」という参加者に話しかけられたら、講師もきっと喜ぶと思います。

▶ 発掘体験の様子

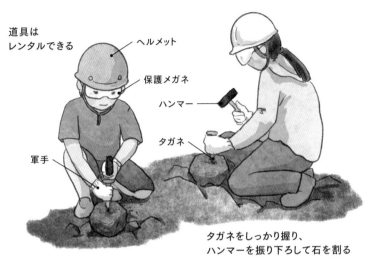

道具は
レンタルできる

ヘルメット

保護メガネ

ハンマー

タガネ

軍手

タガネをしっかり握り、
ハンマーを振り下ろして石を割る

見つけた化石は専門家に
見てもらおう

発掘体験で
新発見があることも！

発掘体験で新種
○○新聞
小学生が発見

これは何の
化石ですか？

化石を発掘する前に

　古生物学の研究を進めていく上で、屋外における化石発掘調査は欠かせないプロセスです。しかし、調査をするに当たっては、事前準備も同じくらい重要です。何の準備もなしに調査に出向いた先で偶然、世紀の大発見となる化石を見つける……ということは、現実的にはほぼ起こりません。むしろ、成功のカギを握るのは事前準備といっても過言ではありません。調査前に研究目的やアイデアをしっかり練らなければ、せっかく現地に出向いても（時間もお金も体力も）無駄になってしまいます。

　では、どのようにして事前準備を進めたら良いのでしょうか？　研究を始めるに当たって、まずは関連トピックに関する先行研究（書籍や論文など）をたくさん読んで、これまでの知見を整理したり、あるいは先行研究の問題点を分析したりすることが重要です。これにより、研究の具体的な目的（テーマ）を明確化できます。あとは、その目的を達成するために最適な化石の種類や調査場所を調べれば良いのです。例えば、研究目的によっては、同じ種類の化石サンプルが多数必要になることもあります。その場合、調査現場ではひたすら狙った化石を探すことになります。一方で、化石の数よりも状態が重要になってくるような研究テーマもあるでしょう。その場合には、調査場所の地層をまんべんなく観察し、保存状態の良い化石が含まれる場所を特定することに大半の時間を使うことになります。

　このように、化石発掘調査といっても、実際の作業内容は研究目的に応じて大きく変わります。古生物学者はフィールドで発掘ばかりしているというイメージがあるかもしれませんが、実は想像以上にインドアな研究生活を送っていることが多いのです。

実は

結構
インドアな
研究生活

テーマ

調査場所

論文・先行研究

化石のクリーニング

　化石は発掘したらそれで終わり、というわけにはいきません。むしろその逆で、古生物学の研究においては、研究対象となる化石を手にしてからが真の研究のスタートとなります。

　まず、化石の状態を確認するのが、研究の第一歩です。とはいえ、化石は地層の中に埋まった状態で存在しているので、まずは観察しやすい状態にしなければなりません。そのため、母岩（化石の周囲に存在する地層）を取り除く作業が必要となります。この作業のことを、クリーニングといいます。周りを覆っている母岩を取り除かなければ全体像を観察することができないので、「母岩を取り除くこと＝化石をきれいにすること」なのです。

　クリーニングに際しては、様々な用具を使います。最も基本となる用具は、小型ハンマー・小型タガネ・ブラシ・接着剤です。これらを使って、周囲の母岩を少しずつ「剥がし取っていく」ようなイメージで作業します。その過程で出てきた岩片や砂塵は、ブラシでその都度取り払います。また、万が一化石を割ってしまった場合には、原形がわかっているうちに速やかに接着剤で貼り付けます。さらに精密なクリーニングの必要がある場合には、エアスクライバーと呼ばれる電動器具を用います。クリーニングの際には岩片が飛んだり砂塵が舞ったりするので、必要に応じて保護メガネ・マスク・手袋を着用しましょう。

　化石のクリーニングは、非常に慎重さを必要とする作業です。しかも、手元にある化石の全体像を知らない状態で行わなければいけません。傷つけないように母岩を少しずつ剥がし取っていき、多大な時間と労力をかけてクリーニングが完了した化石は、いよいよ本格的に観察できる状態になります。

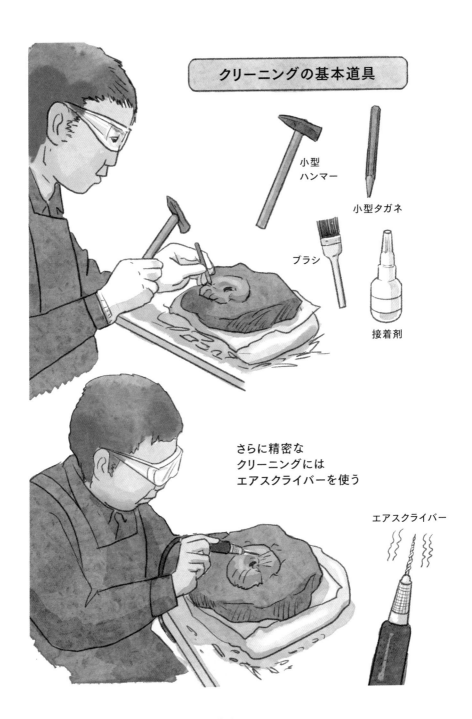

クリーニングの基本道具

小型
ハンマー

小型タガネ

ブラシ

接着剤

さらに精密な
クリーニングには
エアスクライバーを使う

エアスクライバー

化石の観察方法

　さて、クリーニングを終えた化石はどのように観察すれば良いのでしょうか？　観察したい部位や研究目的に応じて、その方法は実に様々です。例えば、化石のサイズが小さく、細かい特徴を肉眼で観察するのが難しい場合には、顕微鏡を使って観察することもあります。

　また、最終的に学術論文などの形で観察データを公表する際には、研究対象の化石を撮影して論文に掲載することも重要です。撮影の際には凹凸など表面形状に十分に注意します。そのために、化石のホワイトニングと呼ばれる作業を行うこともあります。これは文字通り、化石を白く着色する作業です。ホワイトニングでは、ある種の薬品を熱した時に生じる白煙を化石の表面に均質に塗布します。その結果、化石の表面が真っ白になるため、コントラストがはっきり写真に写ります。基本的に化石化の過程でもともとの色は抜けてしまうので、化石における色情報は重要ではありません。むしろ化石の細かな凹凸などの表面形状の方が、その古生物の本来の特徴を反映していることが多いので、このホワイトニングという手法が有効になるのです。ただし現在では、カメラの性能が大幅に向上してコントラストなどの画像編集が容易になったこと、ホワイトニングの際に使用する薬品には危険なものが多く専用の安全設備が必要であること、などの理由により、ホワイトニングを行うことは少なくなってきています。

　なお、母岩が極めて脆くて（もしくは硬くて）クリーニングの難易度が高い場合、あるいは化石標本を博物館から借用する場合などは、CT撮影による観察を行うことがあります。CT撮影とはX線と呼ばれる電磁波を試料（化石）に照射することで、試料を破壊することなく内部の二次元画像を取得する手法のことです。さらに、試料を回転させながら

X線を照射して得た連続撮影画像から三次元的（立体的）なCT像を構築することもできます。このようにして、母岩のどこにどのような化石が入っているのか、クリーニングを行わなくても観察することができるのです。また最近では、化石自体の内部構造を調べるために、より解像度の高いマイクロCTによる撮影が適用されることも増えてきました。

　さらに、観察するのは化石の形状だけとは限りません。古環境の代理指標のデータを取得するために、化石の一部を粉末化して均質にした上で化学分析を行うこともあります。このように、古生物学者は日頃の多くの時間を、化石の発掘よりもむしろ、化石の観察や分析に費やしているのです。

▶ **マイクロCT撮影による
　観察**

使用中

装置の中へ
母岩ごと
化石を入れる

母岩から
取り出さなくても
化石の形状を
把握できる

59

めざせ古生物学者

発掘だけが
研究じゃない

　古生物学研究と聞くと、どうしても化石発掘のイメージが強いのではないでしょうか。もちろん、発掘をしている時が一番ワクワクするという古生物学者も多いと思います。しかし、それは研究活動のほんの一部にすぎません。

　化石を適切な手法で観察したり分析したりすることで、研究データが蓄積されていきます。得られたデータを基に、それらを解析したり、あるいは先行研究のデータと比較したりして、論理的に考察を進めていきます。ただし、この時点では、まだ自分の中でのみ結論が出ている状態です。研究成果の公表は、一般的には学会発表や学術論文という形で行います。もちろん、ブログや SNS などで発信することもできますが、不正確な情報や誤った解析が含まれているかもしれません。あるいは、本人にとっては初めての成果でも実は既に知られている事実だった、という可能性もあるでしょう。そのようなリスクを極限まで減らすべく、学術論文では査読と呼ばれるプロセスを経る必要があります。学術雑誌に投稿された原稿を、専門分野が近い別の研究者（少なくとも 2 名以上）が、誤ったデータ解析や不正確な情報などが含まれていないかなどについて、入念に確認するのです。原稿に重大な問題や欠陥がなくても、多くの場合には多少の修正要求が入りますので、修正した原稿を再度投稿して、晴れて論文が受理されることになります。

　論文の査読にかかる期間は、一般的には数カ月程度、長ければ 1 年以上ということもあります。化石の発掘や観察にも多大な時間を必要としますので、ある研究成果が論文として公表された場合、その研究の着想自体は数年前、あるいは 10 年以上前まで遡るということもめずらしくありません。そして、公表された古生物学に関する学術論文のうち、プ

134

レスリリースされて新聞やテレビ、ネットニュースなどのマスメディアによって報道されるのは、ほんのごく一部です。

このように、化石発掘というのは実は古生物学研究の一角にすぎないのです。

▶ 古生物学研究の実際

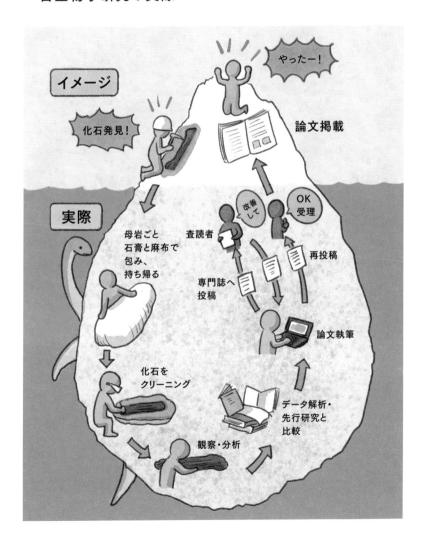

60

今生きている生物も
研究対象

　古生物学というと、やはり化石研究というイメージが強いと思います。しかし、古生物学者が化石「しか」研究しなかったとすると、化石のことはよくわかる半面、古生物の生態についてはほとんどわからないということになりかねません。化石は地層に残された過去の生物やその活動の痕跡ではありますが、古生物そのものではないからです。古生物が実際にどのように生きていたのかを推定するためには、化石に加えて、今生きている生物（現生生物）の研究データが必要不可欠です。

　それでは、古生物学者は、現生生物のどのような側面に注目しているのでしょうか？　多くの場合、化石として残る可能性のある特徴に注目します。体化石の研究者であれば形態的な特徴、生痕化石の研究者であれば行動学的な特徴ということになります。例えば、筋肉は軟組織なので一般的に体化石としては保存されません。しかし、骨や殻などの硬組織に筋肉が付着していた筋付着痕は、体化石をよくよく観察すれば残っていることがあります。日常生活で発見しやすいのは、（化石ではありませんが）アサリのお味噌汁でしょう。アサリの身を食べた後、殻の内側には貝柱（閉殻筋と呼ばれる筋肉）が付着していた跡が丸く残っています。この付着痕は、実は化石にも見られることがあります。ただし、化石に残された付着痕だけから、実際の筋肉の量や機能を推定することは困難です。したがって、現生生物の筋肉と紐づけながら推定する必要があります。

　また、化石に保存されるのは「ある古生物の、ある一瞬の名残り」なので、化石に残された特徴は成長段階によって変わるかもしれませんし、性別や産地、季節によっても変わる可能性があります。ですので、形態や行動が様々な条件によって異なるのか、あるいはそうでないのか、現

生生物の形態や行動を丹念に観察していくことも、古生物学にとって重要な研究テーマです。

　注意したいのは、現生生物にもまだまだわかっていないことはたくさんあるという点です。そして、現生生物を研究したからといって古生物のことがすべてわかるようになるわけではありません。それでも現生生物に注目するのは、古生物のすべてを解き明かそうということよりもむしろ、わかっていない不確定要素を少しでも減らしたいという側面があるのです。

▶ 現生生物の研究

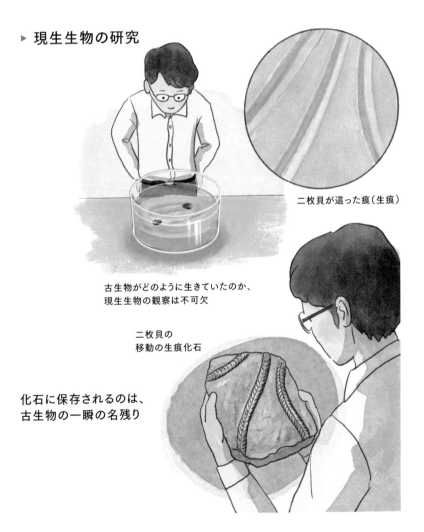

二枚貝が這った痕（生痕）

古生物がどのように生きていたのか、
現生生物の観察は不可欠

二枚貝の
移動の生痕化石

化石に保存されるのは、
古生物の一瞬の名残り

おわりに　〜古生物学は役に立つのか〜

　近年では、古生物学に限らず、科学研究の多くの分野において「〇〇学は役に立つのか？」という問いと無関係でいるのが難しくなっています。なぜなら、科学研究の予算（研究費）は文部科学省などの公的機関、もしくは民間企業や財団などから助成を受けていることが多いからです。本書でご紹介した通り、古生物学の研究内容は多岐にわたります。そのため、その研究成果が生物学や気候学など関連する諸分野にとっても（直接的でないにしろ）役に立つことはあります。例えば、社会における温室効果ガス対策や温暖化対策は急務であり、より正確な将来予測を行うためには、過去の地球環境や生態系に関する質の高いデータが必要不可欠です。このような文脈においては、古生物学は間違いなく「役に立つ」といえるでしょう。

　ただし、古生物学の研究が進展して新しい知見が増えていっても、人々の生活が豊かになったり、直接的に便利になったりすることは、残念ながらほとんどないでしょう。これは、古生物学が基礎科学の一分野であり、応用科学ではないことが関係しています。応用科学（実学と呼ばれることもあります）が何らかの実用的な目的を達成することをめざすものであるのに対し、基礎科学は自然現象などに関する真理の探究をめざすものだからです。しかし、だからといって古生物学研究の価値が変わることはありません。科学は常に積み重ねです。過去に行われた研究や、現在進行中の研究成果の一部は、将来の古生物学（あるいは周辺の諸分野）にとって重要なピースになるはずです。

　さらに興味深いのは、古生物学の持つ「大衆性」だと考えます。例えば、「〇〇県で恐竜の化石を発見！」という話題は、様々な媒体で報道されます。また、多くの家庭や学校で親しまれている学習図鑑のコンテ

ンツとして、恐竜や化石、古生物（「大昔の生物」など別表記のものも含む）は定番のラインナップです。さらに、古生物（多くの場合は恐竜ですが）を題材にしたキャラクターや作品なども挙げればきりがありません。このような大衆性は、経済的な豊かさとは別の軸で、精神的な豊かさを向上させるのに役に立つのではないでしょうか。古生物の話題を家族と共有できた、興味を同じくする友人と楽しいひと時を過ごした、新しいことを知ってワクワクした……たとえ一瞬であっても、このような「小さな喜び」を生むきっかけになるのだとしたら、それは素晴らしいことだと思います。

　本書を通して化石への興味が深まったら、ぜひ一緒に、古生物学というエキサイティングな学問に携わろうではありませんか！　古生物学は、過去の地球上に生息していたあらゆる生物が研究対象になり、生物学の研究対象の数に比べると格段に多様ですが、研究者の数は生物学に比べてかなり少ないのです。そのため、古生物の世界はまだわかっていないことだらけで、若手の古生物学者であっても、独創的で重要な研究成果を挙げることが可能です。化石や古生物学に興味がある人にとって、本書が「本気で古生物学者をめざすための一歩」になったのであれば、著者としてそれに勝る幸せはございません。

　本書を執筆するに当たっては、多くの方々にご協力いただきました。図鑑パートでは、5名の古生物学者の皆様（相場大佑氏、大山望氏、木村由莉氏、宮田真也氏、ロバート・ジェンキンズ氏、五十音順）に写真や原稿をご準備いただきました。また、菊谷詩子氏とは何度もやりとりを重ねて、わかりやすさと専門性が両立したイラストを描いていただきました。最後に、誠文堂新光社編集部の松下大樹氏からは本書を執筆するきっかけをいただき、これ以上ないくらいに根気強くサポートしていただきました。この場をお借りして深く御礼申し上げます。

穏やかな陽光が差す西千葉キャンパスの研究室にて
泉 賢太郎

主要参考文献

紙面の都合ですべては紹介できませんが、本書執筆に当たって多くの文献を参考にしました。

【書籍】

在田一則・竹下徹・見延庄士郎・渡部重十(編著)(2015)「地球惑星科学入門」北海道大学出版会
平朝彦(2004)「地層の解読」岩波書店
泉賢太郎(2017)「生痕化石からわかる古生物のリアルな生きざま」ベレ出版
泉賢太郎(2021)「ウンチ化石学入門」集英社インターナショナル
井上勲(2007)「藻類30億年の自然史」東海大学出版会
大路樹生(2009)「フィールド古生物学」東京大学出版会
岡田誠(2021)「チバニアン誕生」ポプラ社
川幡穂高(2011)「地球表層環境の進化」東京大学出版会
川幡穂高(2008)「海洋地球環境学」東京大学出版会
佐野有司・高橋嘉夫(2013)「地球化学」共立出版
更科功(2016)「絵でわかるカンブリア爆発」講談社
沢田健・綿貫豊・西弘嗣・栃内新・馬渡峻輔(編著)(2008)「地球と生命の進化学 新・自然史科学I」「地球の変動と生物進化 新・自然史科学II」北海道大学出版会
柴山元彦・井上ミノル(2022)「こどもが探せる 身近な場所のきれいな石材図鑑」創元社
数研出版編集部(編)(2014)「もういちど読む 数研の高校地学」数研出版
谷村好洋(2013)「ミクロな化石、地球を語る」技術評論社
デイヴィッド・ビアリング(著)西田佐知子(訳)(2015)「植物が出現し、気候を変えた」みすず書房
東京大学生命科学教科書編集委員会(編)(2009)「生命科学 改訂第3版」羊土社
東京大学地球惑星システム科学講座(編)(2004)「進化する地球惑星システム」東京大学出版会
中沢弘基(2014)「生命誕生」講談社
西村祐二郎・今岡照喜・金折裕司・鈴木盛久・高木秀雄・磯崎行雄(2002)「基礎地球科学」朝倉出版
速水格(2009)「古生物学」東京大学出版会
P. セルデン・J. ナッズ(著)鎮西清高(訳)(2009)「世界の化石遺産」朝倉書店
保柳康一・文富士夫・松田博貴(2004)「堆積物と堆積岩」共立出版
目代邦康・笹岡美穂(2018)「地層のきほん」誠文堂新光社
Adolf Seilacher(2007) Trace Fossil Analysis. Springer.
Gary Nichols(2009) Sedimentology and Stratigraphy (Second edition). Wiley-Blackwell.
Luis A. Buatois, M. Gabriela Mángano(2011) Ichnology: Organism-Substrate Interactions in Space and Time. Cambridge University Press.

【論文】

窪田薫(2022)「長寿二枚貝ビノスガイの殻の地球化学分析を通じた古環境復元～海流から津波まで～」
佐川拓也(2010)「浮遊性有孔虫 Mg/Ca 古水温計の現状・課題と古海洋解析への応用例」
森佐智子他(2001)「ウェーブリプルマークの移動速度に関する水路実験」
諸野祐樹(2022)「海底かに広がる微生物のすみか―どこまでつづき, なぜそこにいるのか?」
Bell, P. R. et al. (2017) Tyrannosauroid integument reveals conflicting patterns of gigantism and feather evolution.
Takahashi, S. et al. (2014) Bioessential element-depleted ocean following the euxinic maximum of the end-Permian mass extinction.
Chin, K. et al. (2003) Remarkable Preservation of Undigested Muscle Tissue Within a Late Cretaceous Tyrannosaurid Coprolite from Alberta, Canada.
Chin, K., Gill, B. D. (1996) Dinosaurs, Dung Beetles, and Conifers: Participants in a Cretaceous Food Web.
Izawa, M.R.M. et al. (2009) Basaltic glass as a habitat for microbial life: Implications for astrobiology and planetary exploration.
Dahl, T. W. et al. (2010) Devonian rise in atmospheric oxygen correlated to the radiations of terrestrial plants and large predatory fish.
Kotake, N. (2013) Changes in lifestyle and habitat of Zoophycos-producing animals related to

evolution of phytoplankton during the Late Mesozoic: geological evidence for the 'benthic-pelagic coupling model'.

McElwain, J. C. et al. (2005) Changes in carbon dioxide during an oceanic anoxic event linked to intrusion into Gondwana coals.

Nara, M., Ikari, Y. (2011) "Deep-sea bivalvian highways": An ethological interpretation of branched Protovirgularia of the Palaeogene Muroto-Hanto Group, southwestern Japan.

Scotese, C. R. (2021) An Atlas of Paleogeographic Maps: The Seas Come In and the Seas Go Out, Annual Reviews of Earth and Planetary Sciences.

Suto, I. et al. (2012) Changes in upwelling mechanisms drove the evolution of marine organisms.

Vinther, J. et al. (2021) A cloacal opening in a non-avian dinosaur.

Takeda, Y., Tanabe, K. (2014) Low Durophagous Predation on Toarcian (Early Jurassic) Ammonoids in the Northwestern Panthalassa Shelf Basin.

Takeda, Y. et al. (2016) Durophagous predation on scaphitid ammonoids in the Late Cretaceous Western Interior Seaway of North America.

【ウェブサイト】

海洋研究開発機構「大西洋で、世界最深の鯨骨生物群集を発見!」
https://www.jamstec.go.jp/j/about/press_release/quest/20160224/
化石友の会 https://fossil-friends.jp/
千葉県立中央博物館「化石のクリーニング」
https://www.chiba-muse.or.jp/NATURAL/ex_old/special_ex/2007kaseki/junbi_clean.html
テスコ株式会社「高出力マイクロフォーカスX線CTシステム」
https://www.tesco-ndt.co.jp/products/microfocus.html
東京大学「「常識覆す成果」海底地下の岩石1cm^{3}当たりに100億細胞の微生物」
https://www.eps.s.u-tokyo.ac.jp/focus20200403/
東京大学「世界最古の水稲栽培文明を滅ぼした急激な寒冷化イベント」
https://www.aori.u-tokyo.ac.jp/research/news/2018/20181201.html
東京大学「大気中の酸素は全球凍結イベントによってもたらされた!?」
https://www.s.u-tokyo.ac.jp/ja/press/2015/13.html
東京大学「地球最古の海洋堆積物から生命の痕跡を発見!」
https://www.aori.u-tokyo.ac.jp/research/news/2017/20170929.html
東京大学総合博物館「ラミダスの位置」
http://umdb.um.u-tokyo.ac.jp/DKankoub/Publish_db/2006babj/07-01.html
東北大学「恐竜やアンモナイト等の絶滅は「小惑星衝突により発生したすすによる気候変動」が原因だった」
https://www.tohoku.ac.jp/japanese/2016/07/press20160714-01.html
名古屋大学「「恐竜が卵を温める方法」を解明!」
https://www.nagoya-u.ac.jp/about-nu/public-relations/researchinfo/upload_images/20180316_num_1.pdf
ナショジオニュース「ティラノサウルス羽毛説に反証 やはり「うろこ肌」?」
https://style.nikkei.com/article/DGXMZO18999280Z10C17A7000000/
日本古生物学会「異常巻きアンモナイト3D化石図鑑」
https://www.palaeo-soc-japan.jp/3d-ammonoids/
日本地質学会「国際年代層序表」http://geosociety.jp/name/content0062.html
日本地質学会「県の石」http://geosociety.jp/name/category0022.html
福井県立恐竜博物館「恐竜・古生物 Q&A」https://www.dinosaur.pref.fukui.jp/dino/faq/
The Geological Society https://www.geolsoc.org.uk/
NASA/JPL-Caltech https://photojournal.jpl.nasa.gov/catalog/PIA23491

索 引

【ア行】
アカントステガ　68
圧密作用　34
アノマロカリス　56,61
アルケノン　83,102
アンモナイト
　　14,38,49,106,122
生きている化石　30
イクチオステガ　69
イノセラムス　122
イリジウム　78
隕石　73,86
インド　36,92
ウェーブリップル　104
ウミユリ　36
羽毛恐竜　47,78
ウラン　44
ウンチ化石（糞化石）
　　24,42,112,114
運搬作用　32
栄養塩　62,81
餌　60,70,74,81,114
エベレスト　37
円石藻　25,102
オキアミ　81
親核種　44
オルドビス紀　62
温暖化　72

【カ行】
科　70
海水温　88,96,102
海水準　62,94
火山活動　72
火星　116
カセキイチョウ　90
化石燃料　98
顎口類　66
甲冑魚　66
カナディア　57
間隙水　34
岩石　32,34,50,52,54

岩体　32,52
間氷期　82
カンブリア紀　56,58,60
カンブリア爆発　56,60
寒冷化　63,81,83
気孔　90
恐竜
　　46,76,78,110,112,114
極限環境　20,116
魚類　18,66,68
クチクラ　26
クックソニア　64
クリーニング　130
グリパニア　54
鯨骨生物群集　108
珪酸　81
珪藻　74,80,100
鯨類　80,108
ケロジェン　98
原核生物　54
現生生物　136
顕生代　72
玄武岩　50,116
光合成　55,64,74,90
硬組織　26,48
甲皮類　66
鉱物　34,44,50,86
古環境　40,133
古生代　68,70,72
古生物学
　　12,46,48,120,134,136
古地理　93
昆虫　22,70

【サ行】
砂岩　34
サンゴ　41,88,94
三畳紀　76
酸素濃度　55,65,66,70
酸素同位体　88,96
三葉虫　36,38,72

シアノバクテリア　54
CT撮影　132
示準化石　38
始新世　80,108
示相化石　40
種　70
獣脚類　76,78
獣弓類　76
ジュラ紀　76
蒸散作用　90
植物プランクトン
　　62,74,102
ジルコン　44,86
シルル紀　64
真核生物　54
新生代　80,82,100
人類　82
ズーフィコス　75
ストロマトライト　54
スピノサウルス　76
生痕化石（生痕）
　　12,24,42,63,75,106,
　　116,118
生体復元図　46,110
成長線　96
生物遺骸群集　20
石炭　98
石炭紀　64,70,98
脊椎動物　69,76
石油　98
先カンブリア時代　60
漸新世　80
属　56,70
続成作用　33

【タ行】
体化石　12,28,42,48
大酸化イベント　55
堆積岩　32,34
堆積作用　32
堆積物　32
大放散イベント　62

第四紀　82,94
大陸移動　37
代理指標　88,90,133
大理石　124
多細胞生物　54
大量絶滅　63,72,78
炭化水素　98
ダンクルオステウス　66
炭酸塩鉱物　26,88
炭質物　52
断層　104
炭素同位体　53
地球外生命　116
地球の年齢　45,86
チクシュルーブ・クレーター
　78
地磁気逆転　84
地質年代　4,38
地層　12,28,32,44,104
チバニアン　84
中生代　74,76
鳥盤類　76
鳥類　78
津波堆積物　100
DNA　116
泥岩　34,124
泥炭　98
ディッキンソニア　54
ティラノサウルス
　46,77,112
テチス海　36
デボン紀　64,66,68,70
天体衝突　78
頭足類　14,106
土壌　65
ドリアスピス　67
ドレパナスピス　67

【ナ行】
ナウマンゾウ　94
鉛　44
軟組織　26,148,12

肉鰭類　68
二酸化炭素　72,90
二枚貝　40,88,96,137
ネアンデルタール人　83
ネクトカリス　61
熱水噴出孔　54
熱分解　98
年縞　96
粘土鉱物　54
粘板岩　124
年輪　96
農耕革命　58

【ハ行】
バイオマーカー　102
白亜紀　74,76,78
薄片　112
爬虫類　76
発掘　126
ハプト藻　74,102
ハルキエリア　57
ハルキゲニア　57
パンゲア（超大陸）　92
板皮類　66
ピカイア　57
ヒゲクジラ　80
ビッグ5　63,72,78
ビノスガイ　97
ヒマラヤ山脈　36
ヒラノマクラ　108
氷期　82
フィコシフォン　24
フィマトデルマ　24
腐肉食者　108
プランクトン　98
プラント・オパール　81
プレート　37,92
分子化石　12,53,102
糞虫　114
ペデルペス　69
ペルム紀　72
ベレムナイト　124

放射壊変　44,86
放射年代（絶対年代）
　44,86
母岩　130
捕食圧　60,62,74
捕食痕　106
ボディプラン　56
哺乳類　16,76,80
ホネクイハナムシ　108
ホモ・サピエンス　83
ホワイトニング　132

【マ行】
マイアサウラ　114
マンモス　94
無顎類　66
娘核種　44
冥王代　86
メガネウラ　70
目　70
モササウルス　28
モリブデン　66
門　56

【ヤ行】
有機地球化学　102
有孔虫　40,88
ユーステノプテロン　68
ユーラシア大陸
　36,92,94

【ラ行】
リグニン　98
リストロサウルス　92
リニア　64
硫化水素　108
竜脚形類　76
竜骨生物群集　20,108
竜盤類　76
両生類　68
漣痕　105
露頭　126

143

泉 賢太郎（いずみ けんたろう）
古生物学者。千葉大学教育学部准教授。博士（理学）。1987年、東京都生まれ。2015年、東京大学大学院理学系研究科地球惑星科学専攻博士課程修了。専門は生痕化石に記録された古生態の研究など。大学生時代は応援部に所属し、「チバニアン」研究チームでも活躍した。著書に『ウンチ化石学入門』（集英社インターナショナル）、『生痕化石からわかる古生物のリアルな生きざま』（ベレ出版）がある。SNSで古生物学の魅力を発信中。Twitter：@seikonkaseki

菊谷詩子（きくたに うたこ）
イラストレーター。神奈川生まれ、東アフリカ育ち。東京大学大学院理学系研究科生物科学専攻博士課程中退後、米カリフォルニア大学サンタクルーズ校へ留学（サイエンスイラストレーション専攻）。アメリカ自然史博物館でのインターン期間を経て、日本で教科書や図鑑等のイラストを制作。絵本作品に「いぬのさんぽ」「9つの森とシファカたち」（ともに福音館書店、後者は挿絵を担当）など。

やさしいイラストでしっかりわかる

最古の生命はいつ生まれた？ 古生物はなぜ絶滅した？
進化を読み解く化石の話

化石のきほん

2023年 4 月14日　発　行　　　　　　　　NDC456

著　　　　者　　泉 賢太郎
発　行　者　　小川雄一
発　行　所　　株式会社 誠文堂新光社
　　　　　　　〒113-0033 東京都文京区本郷3-3-11
　　　　　　　電話 03-5800-5780
　　　　　　　https://www.seibundo-shinkosha.net/
印　刷　所　　株式会社 大熊整美堂
製　本　所　　和光堂 株式会社

ISBN978-4-416-52307-0